200 Semplici Sudoku per Giornate Stressanti
Tomo 1

Hideki Tanaka

© 2016 Hideki Tanaka
Traduzione italiana de *Easy Sudokus for Hard Days – Volume 1*
Editore: Ed. Dragón
ISBN: 978-1540696885
1ª edizione
Traduttore: Alessandro Mannara
Copertina: Patrick Breig | Dreamstime.com
Come giocare: Albisoima | Dreamstime.com
Stampato da/Pinted by: CreateSpace

Indice

Introduzione

Vi capita mai di avere l'impressione che il mondo intero vi stia crollando addosso? Quando avete voglia di lasciarvi tutto alle spalle e di pensare ad altro? Siete già abbastanza stressati e desiderate soltanto svagarvi. Vi serve qualcosa che vi distragga, ma che non richieda uno sforzo mentale eccessivo – perché per oggi vi siete già impegnati abbastanza!

È così che nasce *200 Semplici Sudoku per Giornate Stressanti*. La maggior parte dei libri di sudoku vi offre diversi tipi di schemi la cui difficoltà varia da "semplice" a "difficile" fino ad arrivare a "difficoltà estrema". Ma non è questo il caso. Tutti e 200 i sudoku qui presenti sono semplici. Questo libro vuole impegnarvi totalmente la mente e farvi dimenticare tutti i problemi che avete affrontato in questa giornata orribile. La vita è già abbastanza difficile per dover passare il vostro tempo libero con qualcosa di complicato!

Dato che *200 Semplici Sudoku per Giornate Stressanti* rientra nella categoria dei giochi "semplici", potreste addirittura condividerlo con i vostri figli. Dopo tutto, non sono forse loro la vostra migliore distrazione? Non vorreste mettervi comodi e risolvere insieme gli schemi? Ciò non solo rafforzerà il vostro legame già di per sé forte, ma aiuterà anche loro a pensare in modo creativo. Ci sono molti modi per stimolare le giovani menti, e con questo libro ve ne propongo uno!

200 Semplici Sudoku per Giornate Stressanti è ottimo anche per i principianti. Perché iniziare dal livello più difficile? Una volta completato questo libro, potreste passare al livello successivo e acquistare i miei libri di sudoku di difficoltà "media". O magari preferite completare il secondo volume prima di passare al livello successivo... sta a voi decidere.

Il sudoku non è affatto complicato. Non richiede formule matematiche. È sufficiente riempire le griglie in modo tale che nessun numero si ripeta in una stessa riga, in uno stesso quadrato o in una stessa colonna. È un gioco di logica in cui potete prendervi tutto il tempo che volete per risolverlo. Una volta completato (o se volete sbirciare nel caso non riusciste ad andare avanti), le soluzioni di tutti gli schemi si trovano alla fine del libro.

Coraggio, iniziate e... buon divertimento!

Hideki Tanaka

Come giocare

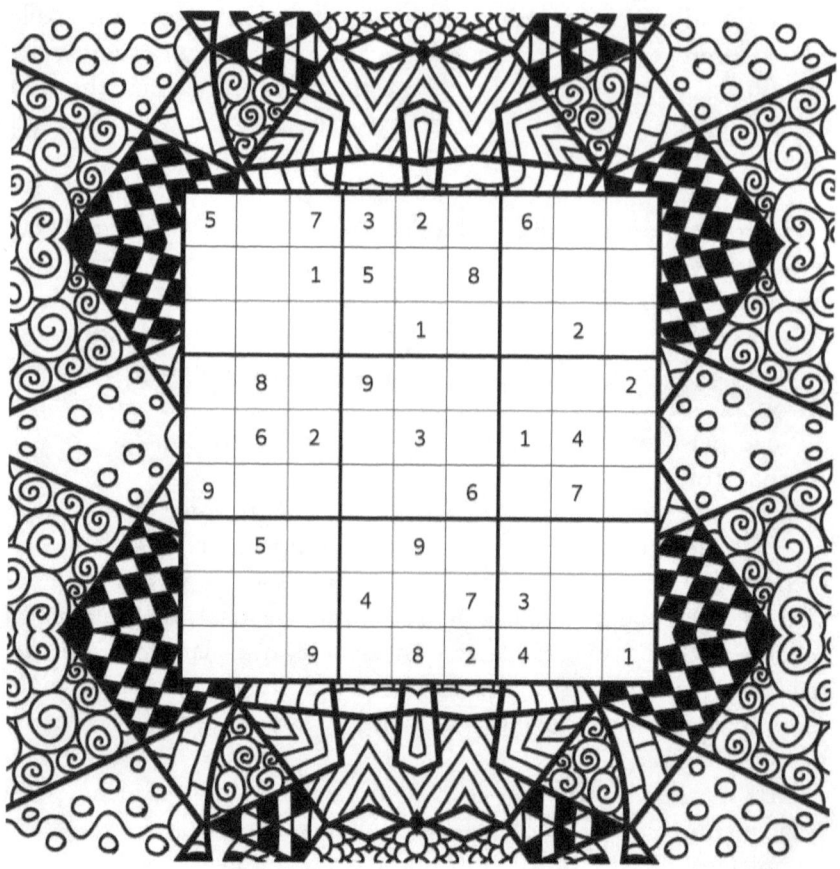

Istruzione:

Scrivere un numero compreso tra 1 e 9 in ogni cella, in modo che:
- ogni riga
- ogni cologna e
- ogni cella 3x3 (in nero)

contiene ogni numero <u>una sola volta</u>.

Vedere come funziona:

5	4	7	3	2	9	6	1	8
2	9	1	5	6	8	7	3	4
8	3	6	7	1	4	9	2	5
4	8	3	9	7	1	5	6	2
7	6	2	8	3	5	1	4	9
9	1	5	2	4	6	8	7	3
6	5	4	1	9	3	2	8	7
1	2	8	4	5	7	3	9	6
3	7	9	6	8	2	4	5	1

200 Semplici Sudoku

9					3			
	5			4				
	4	8	7		6			
1			9	8				2
	8	5	6			4	1	3
4					2	9		8
			3			5	6	4
				6			2	
			2					5

Puzzle #1 – Semplice

8	2					5		
		6			5			
		7	9		4			
					1	2		
1		8	4	7	2	9		6
		2	6					
			8		9	4		
			7			1		
		8					6	2

Puzzle #2 – Semplice

Puzzle #3:

4		5	2					
2		6	4				7	1
		1		3	6		2	
	2							
			1	8	7			
							6	
	8		9	1		7		
7	1				3	2		8
					2	4		6

Puzzle #3 – Semplice

Puzzle #4:

	1	6	2					3
2		5						
	7			8		4		6
						1	3	
		7	8	1	2	9		
	5	8						
5		2		3			7	
						3		9
7					9	5	8	

Puzzle #4 – Semplice

Puzzle #5

		9			4	5		6
4	7	8	6					
	3							4
	9		5		8			
6				7				2
			4		2		5	
7							6	
					5	2	3	8
2		1	3			7		

Puzzle #5 – Semplice

Puzzle #6

	4	9			5		3	6
	7	3		8	6			2
2								
3						5		
			8		9			
		5						8
								3
6			2	7		9	8	
1	5		9			2	7	

Puzzle #6 – Semplice

Puzzle #7 – Semplice

```
. 6 . | . . . | 2 3 .
. . . | . 6 8 | 1 7 9
8 7 . | 3 . . | . . .
------+-------+------
. . 4 | 8 . . | . 9 .
. . . | . . . | . . .
2 . . | . . 4 | 6 . .
------+-------+------
. . . | . . 6 | 9 8 .
8 4 6 | 1 3 . | . . .
. 7 5 | . . . | . 1 .
```

Puzzle #7 – Semplice

Puzzle #8 – Semplice

```
8 . . | . . . | 2 4 .
6 . 4 | . . . | . . .
. . . | . 7 9 | . . 8
------+-------+------
. . . | 6 . . | . 2 .
. . 5 | 7 . 8 | 9 . .
. 3 . | . . 2 | . . .
------+-------+------
9 . . | 8 . 1 | . . .
. . . | . . . | . 5 7
. 8 6 | . . . | . . 3
```

Puzzle #8 – Semplice

Puzzle #9 – Semplice

		3	1		2	6		8
	2	8	4					
			5				4	
	8	2				9	3	
				5				
	3	4				2	7	
	1				5			
					4	3	2	
2		6	3		9	5		

Puzzle #9 – Semplice

1					5			
	6	3	4		8			
			6			1		
7							2	3
	3	5	7	9	2	8	1	
4	8							7
		6			3			
			5		4	9	8	
			9					5

Puzzle #10 – Semplice

Puzzle #11 – Semplice

6			7	9	1	4		
				4			6	
1			6			9	8	5
								9
		7	9	1	6	5		
3								
7	6	5			2			4
	3			6				
		2	8	5	9			6

Puzzle #11 – Semplice

Puzzle #12 – Semplice

1	9		8		4			
	4	3		2				
8		5						9
		8	5					6
2								7
7					3	9		
3						6		5
				8		4	9	
			9		5		1	8

Puzzle #12 – Semplice

Puzzle #13

						1		
3	8							6
		7	9		8		2	4
6		8						
7	3			8			4	5
						2		8
8	6		2		3	7		
4							6	9
		1						

Puzzle #13 – Semplice

Puzzle #14

				2			7	3
6	3		1					
		5			4			9
1			8	5		9	3	
				1				
	7	9	2	4				8
3			6			7		
					2		9	6
4	9			5				

Puzzle #14 – Semplice

Puzzle #15:

	9	7	5					
4		1	9				6	
8								
		4	8		5		2	
2				3				4
	8		2		1	3		
								6
	5				6	2		3
					8	5	1	

Puzzle #15 – Semplice

Puzzle #16:

7			8		1	9		
2							6	
5			6	7				3
			5					
	5	4				2	7	
					9			
4				2	8			6
	3							2
		1	3		5			9

Puzzle #16 – Semplice

Puzzle #17 – Semplice

Puzzle #18 – Semplice

Puzzle #19 – Semplice

	3	5			6	8	9	4
1	7	4						
				3				
			1					8
	5	6				4	7	
3			9					
			4					
						7	4	3
6	4	8	3			1	2	

Puzzle #19 – Semplice

Puzzle #20 – Semplice

	8							
		1	4			2	8	
5	2	7	1					
			7	2				8
	9	5				6	1	
8			6	9				
					9	5	2	3
	4	2		8		1		
								4

Puzzle #20 – Semplice

Puzzle #21 – Semplice

Puzzle #22 – Semplice

		4				5	1	
			8		2	6	3	
		7	6					
	5	2	4					
7				6				2
					8	7	5	
					9	8		
	4	9	3		6			
	6	5				1		

Puzzle #23 – Semplice

8								
			5	8	4			1
5	4	2	9					
	8	9	4	1		6		
				9				
		4		6	5	9	2	
					6	5	1	2
6			1	7	2			
								7

Puzzle #24 – Semplice

<table>
<tr><td></td><td>5</td><td></td><td>2</td><td>3</td><td></td><td></td><td></td><td>4</td></tr>
<tr><td></td><td></td><td></td><td></td><td></td><td></td><td></td><td></td><td></td></tr>
<tr><td>6</td><td>4</td><td>9</td><td></td><td></td><td>7</td><td></td><td></td><td></td></tr>
<tr><td></td><td></td><td></td><td>3</td><td></td><td></td><td>4</td><td></td><td></td></tr>
<tr><td></td><td>8</td><td>4</td><td></td><td>1</td><td></td><td>9</td><td>6</td><td></td></tr>
<tr><td></td><td></td><td>5</td><td></td><td></td><td>4</td><td></td><td></td><td></td></tr>
<tr><td></td><td></td><td></td><td>7</td><td></td><td></td><td>2</td><td>3</td><td>1</td></tr>
<tr><td></td><td></td><td></td><td></td><td></td><td></td><td></td><td></td><td></td></tr>
<tr><td>3</td><td></td><td></td><td></td><td>2</td><td>6</td><td></td><td>9</td><td></td></tr>
</table>

Puzzle #25 – Semplice

<table>
<tr><td>1</td><td></td><td>5</td><td></td><td></td><td>2</td><td></td><td>6</td><td></td></tr>
<tr><td></td><td></td><td></td><td></td><td></td><td></td><td></td><td></td><td></td></tr>
<tr><td></td><td></td><td></td><td>7</td><td>6</td><td></td><td></td><td>1</td><td></td></tr>
<tr><td></td><td>8</td><td></td><td>9</td><td>1</td><td></td><td></td><td></td><td>4</td></tr>
<tr><td></td><td>7</td><td></td><td></td><td>2</td><td></td><td></td><td>3</td><td></td></tr>
<tr><td>9</td><td></td><td></td><td></td><td>7</td><td>3</td><td></td><td>8</td><td></td></tr>
<tr><td></td><td>3</td><td></td><td></td><td>9</td><td>1</td><td></td><td></td><td></td></tr>
<tr><td></td><td></td><td></td><td></td><td></td><td></td><td></td><td></td><td></td></tr>
<tr><td></td><td>6</td><td></td><td>4</td><td></td><td></td><td>7</td><td></td><td>1</td></tr>
</table>

Puzzle #26 – Semplice

Puzzle #27:

			2	6			7	
			5		1			3
					3		1	2
		1					5	9
4	8						3	7
5	3					8		
3	5		6					
7			8		9			
	1			3	2			

Puzzle #27 – Semplice

Puzzle #28:

8	6				3			
		1				2		
			7				5	1
1			3		2	4	6	
				5				
	4	7	9		8			5
3	7				6			
		6				7		
			2				8	9

Puzzle #28 – Semplice

Puzzle #29:

4	1		9	2	7			
9	2		5					
		8	4	6				
	3						7	
8		5				2		4
	4						1	
				1	8	9		
					4		5	7
			7	5	9		4	8

Puzzle #29 – Semplice

Puzzle #30:

				9		3	7	
7	9				2			
			3					1
	2				3		5	
		7	9	5	8	1		
	8		2				6	
1					5			
			8				9	7
	5	2		6				

Puzzle #30 – Semplice

Puzzle #31 – Semplice

1		8					7	
2								4
		5	7	4			1	6
6			2					
			1	8	4			
				6				9
7	8			5	9	6		
5								1
	9					3		7

Puzzle #32 – Semplice

					5	8	7	
				6		4		
4		8	7					
		1	3	9			8	
	3						9	
	4		5	1		2		
					7	6		3
	3			5				
	5	9	6					

Puzzle #33 – Semplice

		2		6		1	7	
5			2	4				8
						2		5
2	9	7						
	1	6				4	8	
						3	9	7
4		9						
6				1	3			9
	3	5		9		8		

Puzzle #33 – Semplice

Puzzle #34 – Semplice

1	4		2			6		
7		9		8				
					5			
		1	5	6		2		
	3						7	
		5		9	2	8		
			6					
				2		5		6
			3		1		2	7

Puzzle #34 – Semplice

Puzzle #35

				1				3
1	8			5				
		3	6	2		8		
8	5					3	2	9
2	1	6					7	5
	3		2		7	8		
			4				5	1
9			1					

Puzzle #35 – Semplice

Puzzle #36

		2	4					
						1	6	
4	3				7			
				7			9	1
9			6	8	1			5
1	8			4				
			9				7	2
	9	8						
					2	3		

Puzzle #36 – Semplice

Puzzle #37 – Semplice

1					8			4
			7	1			9	3
	4	3		6				
6	5						4	8
				5				
3	8						7	5
				4		3	8	
7	6			3	5			
4			6					9

Puzzle #37 – Semplice

Puzzle #38 – Semplice

3		8		7			1	
		7	1	4		9	3	
		9	5					
2	6			8				
			4		2			
				9			5	2
					9	5		
	9	6		1	5	8		
	8			6		7		1

Puzzle #38 – Semplice

Puzzle #39 – Semplice

Puzzle #40 – Semplice

9				1				2
	5						9	
		8		5	4	1		
			7	6			4	9
	1						2	
4	7		2	8				
		1	5	2		3		
	2						1	
5				4				7

Puzzle #41 – Semplice

	1		7			5		
		5					1	2
9				8				
				1	8	7	4	6
	6			2			8	
3	4	8	5	7				
				3				1
6	8					4		
		1			9		6	

Puzzle #42 – Semplice

Puzzle #43:

	5	2			9			
4		8		1	7			
9	1		8	5				
	2	4		3				1
			2		8			
5				7		8	2	
			4	3			8	7
			9	2		4		3
			7			1	9	

Puzzle #43 – Semplice

Puzzle #44:

			9	8				5
		4	1	6		7		
			3			9		2
3						6	2	
	6						8	
	9	1						3
7		9			1			
		3		9	5	2		
1				3	6			

Puzzle #44 – Semplice

Puzzle #45

3			7					
						6		9
7			8	4	6		1	3
				8	1	4		
		8				1		
		4	2	5				
8	6		4	1	9			7
2		7						
					7			4

Puzzle #45 – Semplice

Puzzle #46

1	2			6	3			
	6	9					2	3
	5		4					
		8					9	
			7		4			
	9					6		
					6		1	
9	7					2	6	
			8	5			3	9

Puzzle #46 – Semplice

Puzzle #47

							5	
			8	9		6	3	
					4	8		7
		5	3		8		7	
1				4				2
	4		9		7	5		
5		4	2					
	7	2		3	9			
	8							

Puzzle #47 – Semplice

Puzzle #48

		8		4				5
	4		9	5			6	
					8	9	2	
5				7		3	8	
	6						9	
	7	3		9				2
	3	2	5					
	8			6	9		5	
4				3		8		

Puzzle #48 – Semplice

Puzzle #49

					8	9	4	7
				9	6	8	2	
						5		
			5	7				4
	2					6		
8			9	2				
		4						
	2	8	3	6				
5	7	1	8					

Puzzle #49 – Semplice

Puzzle #50

		4	6	1				
		9				5		
9	2	5		8	3			
3		2						
	7						1	
						7		8
			8	4		9	5	6
		1			2			
				6	9	2		

Puzzle #50 – Semplice

Puzzle #51 – Semplice

Puzzle #52 – Semplice

Puzzle #53:

4	9							
					7	4		
	7		9				5	6
5					1			2
7		9	6	2	5	1		4
1			8					7
9	5				6		2	
		8	3					
							8	1

Puzzle #53 – Semplice

Puzzle #54:

9						6		
	2	8	9			5	4	
4			6			2		
						5		2
	3		2	1	8		7	
7		2						
		9			4			7
		7	5		2	6	4	
	6							1

Puzzle #54 – Semplice

Puzzle #55:

1		6	9		3		7	
					7		6	
8						9		4
6		2						
	4			9			1	
						5		9
3		7						1
	5		3					
	8		7		5		9	6

Puzzle #55 – Semplice

Puzzle #56:

8	5		9	3	6	7		
				4	8	2	5	
2	6							
	1	5	3	2	9	4	8	
							7	2
	4	8	5	9				
		9	4	1	2		3	5

Puzzle #56 – Semplice

Puzzle #57

4		1	9			2		
	6			4	2		8	1
9								
					6	3		8
	5					6		
8		2	4					
								3
5	4		2	3		8		
		7			1	4		9

Puzzle #57 – Semplice

Puzzle #58

3		6		4		5	1	9
5			7			3		8
1								
			9	5				
	6		4		2		5	
				1	7			
								1
7		1			6			5
6	8	9		2		7		3

Puzzle #58 – Semplice

9			2			3		
	2		4			8	6	
	8							5
				3	4			2
	7	3	6		2	4	5	
2			7	8				
7							1	
	3	5			6		7	
		4			7			3

Puzzle #59 – Semplice

2	6	5			1			
					7	8	5	3
					3	4		
	3			2		5		1
8								4
1		2		5		7		
		8	7			9	6	5
5	2	9	6					
			9					

Puzzle #60 – Semplice

Puzzle #61 – Semplice

1					4		8	
						2		
		3	6		5	7		
5				3	2	4		
	8						2	
		4	5	1				3
		5	9		6	8		
		1						
		6		1				9

Puzzle #61 – Semplice

Puzzle #62 – Semplice

9			3			1		
			8	5		9	4	
5	4		9					
7					3		5	
	1						9	
	3		2					8
					8		6	7
	7	4		2	5			
		1			9			3

Puzzle #62 – Semplice

1	5		2	3				
				4	5			1
7							2	
	1				9	7		
	2						6	
		7	3				5	
	4							8
2			6	8				
				5	7		4	9

Puzzle #63 – Semplice

7		4	8	1			6	
		9			5	1		
				9				
8					3			
	7	2		6		3	1	
			7					4
				3				
		1	2			7		
	9			5	7	4		8

Puzzle #64 – Semplice

Puzzle #65

1		5		2	4			9
			6					5
	2				9	6		
					6			3
	8			1			9	
7			8					
		8	9				4	
5					7			
9			3	8		7		1

Puzzle #65 – Semplice

Puzzle #66

						3		5
			2		8			7
			7	5	4		8	
2				1	9			
9	6		8	4	2		7	3
			3	6				2
	1		4	2	5			
8			6		1			
6		7						

Puzzle #66 – Semplice

Puzzle #67

							4	
				6	8	5		
3		7	9			6		
8					7		5	4
2	7						1	3
9	3		4					6
	1				9	8		5
	3		6	8				
	9							

Puzzle #67 – Semplice

Puzzle #68

	2	8				3		4
9			8					6
		1	7					
		2		7	4		6	
	4						9	
	5		9	3		4		
					6	2		
7					2			8
2		9				6	5	

Puzzle #68 – Semplice

Puzzle #69

		5					6	
9	4		8					
3					9		5	1
			7	5			2	
6				2				9
	7			9	3			
1	2		5					8
					7		1	6
	3					2		

Puzzle #69 – Semplice

Puzzle #70

		5	7	3				9
	2		1	9	8			4
	3	2						
	9		6	8	1		5	
						9	7	
8		3	2	4			9	
6			9	3		7		

Puzzle #70 – Semplice

Puzzle #71 – Semplice

1	4					2		
				7	5	9		
							5	1
			6					5
5	2			4		8		9
6					7			
2	4							
	6		8	1				
	8					7		2

Puzzle #71 – Semplice

	2	5			7			
		8	3					
3			6		5			8
6	9			7		3		
	2					1		
	3			1			9	2
1			8		4			9
					3	4		
			7			6	2	

Puzzle #72 – Semplice

Puzzle #73

5								
		2		3				5
	8	7			6			
	5	9		2				6
8		6	7		5	3		9
1				9		4	5	
			2			8	6	
6				8		1		
								4

Puzzle #73 – Semplice

Puzzle #74

			4				3	
					1	9	2	
2					8			5
		9		8	3	5		
			9	1	7			
		1	5	6		7		
4			8					3
	9	6	1					
	5				9			

Puzzle #74 – Semplice

Puzzle #75

	6	3	2		8	5		
7	1	8	3					
	9							
				4			5	
		6	9		7	1		
	8			6				
							9	
					1	6	7	5
		5	8		9	4	3	

Puzzle #75 – Semplice

Puzzle #76

8				4	3		5	
2								
9	4		8	1				
		7	3			6	9	
5								7
	6	8			4	1		
				3	7		4	9
								8
	1		5	9				6

Puzzle #76 – Semplice

8	6	9						
			8				6	3
		1			4			
	2			3			4	9
			4	5	8			
3	8			6			1	
			5			1		
7	9					6		
						3	8	6

Puzzle #77 – Semplice

		2				4		9
4		6					5	
			4	2	5		8	
			7			9		1
				3				
3		9			1			
	4		8	7	6			
	8					1		6
9		5				7		

Puzzle #78 – Semplice

Puzzle #79 — Semplice

2							3	
		6	8			1	7	
4	8				5			9
3	4	8		9				
				5		9	8	7
8			7				9	6
	5	9			2	8		
	6							2

Puzzle #79 – Semplice

Puzzle #80 — Semplice

	3		8			7	6	
	2	6	3					4
1		9						
				3	7	8	2	
	8	5	1	9				
						2		1
4					8	6	5	
	5	3			1		4	

Puzzle #80 – Semplice

Puzzle #81

6	2		3					8
	9		5					7
			8		4			1
						8		5
	3		6	9	5		7	
9		4						
3			9		8			
8				6		7		
7				4		5		9

Puzzle #81 – Semplice

Puzzle #82

4			7					
		3	4	5		9	7	
		1		8		2		
	2	9	8				4	
	5				7	8	6	
		6		3		4		
	9	8		4	2	7		
					6			1

Puzzle #82 – Semplice

Puzzle #83:

9	5	1		7				
7		6					2	
					4		9	
7	5		3	1				2
8				9	2	1	6	
	6		7					
	2					3		8
					3	2	5	6

Puzzle #83 – Semplice

Puzzle #84:

				9				4
		5			4			1
2	4	1	3				6	
				4				8
8	2	4				3	9	7
7				2				
	8				9	4	1	6
6			4			9		
4				3				

Puzzle #84 – Semplice

Puzzle #85 – Semplice

Puzzle #86 – Semplice

Puzzle #87 – Semplice

6		8	3				5	
							3	
5	3			6	7		9	
2		1			3			
				1				
			9			6		5
	4		8	5			6	9
	9							
	6				4	1		8

Puzzle #87 – Semplice

Puzzle #88 – Semplice

7	1	3						
6				7		5		
			4					6
	5			3	7			4
	4			6		8		
1			5	4		9		
2					8			
	6			9				5
						1	9	8

Puzzle #88 – Semplice

Puzzle #89:

		7						
	3				7		6	1
1	6		4		9			7
		1	2	9			8	
	7			3	6	4		
5			8		1		9	6
7	8		3				4	
					3			

Puzzle #89 – Semplice

Puzzle #90:

		4	1		5			
	5	2	4					
	3			2		7		
	1	3		6				
5	4						8	6
				7		4	1	
		5		9			7	
					6	1	3	
			3			8	6	

Puzzle #90 – Semplice

Puzzle #91:

		1	2				4	8
		2	1			3	7	
6			7					1
9	7			5				
				9			6	7
1					8			5
	5	9			3	7		
2	4				6	8		

Puzzle #91 – Semplice

Puzzle #92:

6			2				5	3
2	4					1	6	
			9					8
				5		7		
		5	4		2	6		
	8			9				
8				9				
	7	3					9	4
4	9				7			1

Puzzle #92 – Semplice

Puzzle #93 – Semplice

					3			
7	8		2	6				5
5				1			2	6
			8	5		6	9	
		5				8		
	9	6		3	7			
6	3			7				8
1				8	4		7	3
			3					

Puzzle #93 – Semplice

Puzzle #94 – Semplice

9	4		7			2		5
		2	5	9		7	1	8
			4	2				3
	9						2	
7				6	1			
2	3	6		4	9	8		
5		9			8		6	2

Puzzle #94 – Semplice

Puzzle #95 – Semplice

				6		3	4	
5					2	1	7	
		3	5				9	2
	2		8		3		1	
4	8				9	5		
	7	2	1					3
	6	4		8				

Puzzle #95 – Semplice

Puzzle #96 – Semplice

4			2					
	3							4
					1	3	7	2
		4	9		5	2		
1		9					6	7
		3	1		6	9		
7	4	9	6					
6							3	
					9			5

Puzzle #96 – Semplice

Puzzle #97

	7		1			9		6
9								
	6		7			4	8	1
2	7	5			9	3		
		8	6			7	9	2
8	5	1			7		4	
								5
7		3		5		2		

Puzzle #97 – Semplice

Puzzle #98

4	9				8		3	1
		6						
			9	5		4		
	7			8			1	4
	5						2	
6	8			3			5	
		8		7	1			
					1			
3	6		5				9	7

Puzzle #98 – Semplice

Puzzle #99 – Semplice

Puzzle #100 – Semplice

Puzzle #101

8	1				3	4		7
6						3		
			5	8			6	
7		6	5	1	4			
			8	2	9	6		5
	9		1	3				
		4						8
1		7	4				3	6

Puzzle #101 – Semplice

Puzzle #102

			5			6		1
	3							
					1	4	9	5
9		3		1		5		
	6			8			2	
		7		4		3		9
2	4	9	3					
							4	
3		1			9			

Puzzle #102 – Semplice

Puzzle #103 – Semplice

Puzzle #104 – Semplice

Puzzle #105 – Semplice

7	9	2		8				
1		3						
	5		6	1				
4		6	5	7				
			9	2	6			7
			3	1		9		
						1		2
			2			5	6	8

Puzzle #105 – Semplice

	9			6			5	
			9			3	4	
3					4		9	
				1				
7		1	8		9	2		4
			4					
	3		2					9
	1	5			3			
	4			9			1	

Puzzle #106 – Semplice

Puzzle #107 – Semplice

3		1		6		5	2	
	2		4				8	
	6		3					9
			5					7
1				2				5
2					8			
9					4	5		
	7				5		9	
	8	6		7		4		2

Puzzle #108 – Semplice

	1							
	4					2	5	
3	5		8	1				
9			1		5		8	
	2		6		3	1		
6			9		8		7	
				6	7	8	1	
	4	1				7		
							3	

5			7	9		8		4
1	6							
		7	3	6		2		
	1							
	3		2		4		8	
							7	
		6		1	5	7		
							5	6
4		5		3	7			8

Puzzle #109 – Semplice

4			1	7		8		
		8				6	4	7
	2					3		
						9	2	3
6	1	4						
			6				3	
8	6		5			2		
			4		9	1		8

Puzzle #110 – Semplice

Puzzle #111

4		1	7		8			
		8			6		4	7
	2				3			
						9	2	3
6	1	4						
			6				3	
8	6		5			2		
			4		9	1		8

Puzzle #111 – Semplice

Puzzle #112

	4	2		8	7	9		3
9				4	3		1	
3								
		8	4				7	1
7	1				5	8		
								4
	7		9	6				8
4		9	1	3		6	2	

Puzzle #112 – Semplice

Puzzle #113:

				5			3	6
3	6			9			8	
					3	4		
		6				8		
	3	8		2		5	1	
		4				9		
		2	1					
	1			6			5	4
4	5			3				

Puzzle #113 – Semplice

Puzzle #114:

8				5		3		7
		6				5	4	
				8	6			
			7				8	5
2								9
3	8				4			
			1	6				
	6	2				8		
9		7		4				2

Puzzle #114 – Semplice

Puzzle #115

			6		5			7
				8	3		1	6
8			9		1		4	
7	3	9				1		
		6				8	7	9
	7		3		9			8
6	9		2	5				
2			8		4			

Puzzle #115 – Semplice

		5	9	1				
								5
3	4	6	8				1	
9					6	5		2
				8				
5		8	2					6
	1				8	4	6	9
8								
			4	3		1		

Puzzle #116 – Semplice

Puzzle #117 – Semplice

6	2			7	5			
1	3		2					
	5					3		
4	9		8		1			
				9				
			5		2		3	4
		7				4		
					7		2	3
			9	2			8	7

Puzzle #117 – Semplice

Puzzle #118 – Semplice

					8	6		
3				6		2		9
5	6							1
			5					
6	1			3			4	7
				7				
9							2	3
7		1		9				4
		2	4					

Puzzle #118 – Semplice

Puzzle #119

	1	4			8		2	3
3				7				8
		8			1	9		4
			5			8		
		5	1		9			
					6			
5		1	7			2		
4				5				1
9	6		8			3	5	

Puzzle #119 – Semplice

Puzzle #120

7		1		3	9	5		
					8			
	2	3						
	2				1	9		5
	3		8		2		4	
9		4	3			2		
						4	5	
			6					
		5	4	2		8		3

Puzzle #120 – Semplice

Puzzle #121 – Semplice

5				7				
		3	1	8	5	4		
4	8		2					
				1		7		8
2		5		6		9		1
3		8		4				
				8			7	9
		6	3	5	7	8		
				9				6

Puzzle #121 – Semplice

Puzzle #122 – Semplice

1				2			4	
			3		4			
4	5					8		
5		6	1		2			8
	4						2	
2			8			3	7	4
		4					8	7
			4		6			
	9			1				3

Puzzle #122 – Semplice

Puzzle #123:

```
. . . | 3 . . | . . .
. . . | . 4 . | . 8 2
. 7 . | . 2 . | 9 . .
------+-------+------
. 6 . | . . 4 | . . 8
9 . . | 8 3 1 | . . 5
5 . . | 2 . . | . 7 .
------+-------+------
. 3 . | . 8 . | 7 . .
6 4 . | . 9 . | . . .
. . . | . 5 . | . . .
```

Puzzle #123 – Semplice

Puzzle #124:

```
6 . . | . 3 4 | . . 9
. . . | . . 6 | . . .
9 4 2 | . 5 . | . 6 .
------+-------+------
. 6 4 | . . 8 | 7 . .
. 1 9 | . . . | 5 8 .
. . 5 | 6 . . | 4 1 .
------+-------+------
. 2 . | . 8 . | 9 7 4
. . . | 9 . . | . . .
5 . . | 4 2 . | . . 8
```

Puzzle #124 – Semplice

Puzzle #125

		2			3		6	
	6	1				3	2	
3			9			7		
			5					
	8	3	6	1	2	5	4	
					8			
		4			9			7
	9	6				8	3	
	1		3			4		

Puzzle #125 – Semplice

Puzzle #126

	4	6						5
2			4	5	3			
							7	1
					9	7		
		4	6	7	2	9		
		2	1					
4	8							
			5	6	8			7
6						3	8	

Puzzle #126 – Semplice

Puzzle #127 – Semplice

	6		7					
5								
9		2		8	4			1
	5		9		6		4	
	1			4			7	
	8		3		5		1	
6			8	5		1		4
					7			9
				5			5	

Puzzle #128 – Semplice

6		3	2					4
	8		3					
9					5			2
		7	8	5				
		1	9	2	3	4		
				1	6	9		
2			5					3
					7		2	
8					2	5		9

Puzzle #129 – Semplice

			7	5	8		9	
	3	1	9			2	5	7
9	1	7						
			6		7			
						4	7	2
4	2	3			5	9	6	
	5		3	8	6			

Puzzle #129 – Semplice

		6	3	8	9		4	
			4			5	9	
							7	8
5	8		7	6	2		3	1
7	3							
	1	3			4			
	9		6	5	8	2		

Puzzle #130 – Semplice

Puzzle #131 – Semplice

Puzzle #132 – Semplice

	3							
		8	6					
		9		7	2		8	
	2		3	9	7			5
	1	6		5		9	7	
5			4	1	6		3	
	6		9	4		2		
					1	4		
							1	

Puzzle #133 – Semplice

	1	5		3	8			7
	3		1				4	
4								9
8				9				
		1		5		9		
				1				4
6								8
	2				3		7	
7			6	8		4	9	

Puzzle #134 – Semplice

Puzzle #135:

```
. . . | 2 . 8 | . . 7
2 . . | 3 . . | . 9 .
. . . | . . 7 | 6 5 .
------+-------+------
3 . 2 | 5 . . | . . .
. . . | . . . | . . .
. . . | . . 9 | 4 . 1
------+-------+------
. 3 4 | 8 . . | . . .
. 2 . | . . 6 | . . 9
1 . . | . 9 5 | . . .
```

Puzzle #135 – Semplice

Puzzle #136:

```
7 . 9 | . 1 . | 2 . .
6 2 4 | . . . | . . 9
. . . | . . 6 | . . .
------+-------+------
. . 2 | 6 . 7 | . 1 .
. . . | . 2 . | . . .
. 9 . | 1 . 3 | 8 . .
------+-------+------
. . . | 5 . . | . . .
1 . . | . . . | 5 9 4
. 5 . | . 8 . | 7 . 2
```

Puzzle #136 – Semplice

Puzzle #137 – Semplice

Puzzle #138 – Semplice

Puzzle #139 – Semplice

```
7 . . | . . 5 | 2 8 4
. 4 . | . . 6 | . . 1
. 2 9 | 1 . 8 | . . 3
------+-------+------
. . . | . 2 . | . . .
8 . . | 7 . 3 | 9 5 .
5 . . | 8 . . | . 6 .
------+-------+------
2 6 3 | 5 . . | . . 7
. . . | . . . | . . .
. . . | . . . | . . .
```

Puzzle #139 – Semplice

Puzzle #140 – Semplice

```
. . . | . . 4 | . . .
. . . | 5 2 7 | 9 4 .
8 7 . | . 9 . | 1 . 2
------+-------+------
1 6 . | . . . | . . 5
. . . | . 5 . | . . .
7 . . | . . . | . 2 3
------+-------+------
6 . 7 | . 4 . | . 8 9
. 9 8 | 3 7 2 | . . .
. . . | 9 . . | . . .
```

Puzzle #140 – Semplice

Puzzle #141

2			5		1			
				2			7	
6			8			1	9	
5	8		1	6				
			7	2		4	8	
9	5					6		2
1			3					
			7			5		4

Puzzle #141 – Semplice

Puzzle #142

	6				3		7	
				4				
	4	3	2	1				
9							3	5
4	3			8			6	2
6	5							9
			2	9	1	4		
			5					
	8		6				5	

Puzzle #142 – Semplice

Puzzle #143 – Semplice

4					2	7	6	
	3					8		
1								4
	1	9			3			
		2	1	6	4	9		
		5				3	8	
7								8
		1					3	
	6	3	9					5

Puzzle #143 – Semplice

Puzzle #144 – Semplice

2		4			3		9	5
		3	6	9		4	7	
				5	1			
						9		6
		8				3		
1		6						
			7	3				
	3	5		6	4	1		
4	9		1			5		3

Puzzle #144 – Semplice

Puzzle #145 – Semplice

Puzzle #146 – Semplice

Puzzle #147

			2	3			4	5
3					7			
						7	1	3
		2	3			1		
	4	3		7		9	6	
		8			2	3		
1	8	5						
			6					9
9	6			2	8			

Puzzle #147 – Semplice

Puzzle #148

		9						1
2	3		4		1			
				6		7	8	
			6		8	2		
5								3
	7		9		3			
	5	7	8					
			7		4		5	9
3						6		

Puzzle #148 – Semplice

Puzzle #149 – Semplice

9	4			7			6	
6	3		8					9
7		8						
			4			2		
			7	6	2			
		4			8			
						7		2
3					9		8	5
	5			4			9	6

Puzzle #149 – Semplice

Puzzle #150 – Semplice

			5					3
	9	2	1			7	8	
3	7			9				
				2			3	7
		7				5		
8	5			1				
				5			7	4
	3	6			2	8	1	
2					1			

Puzzle #150 – Semplice

Puzzle #151

```
5 9 6 | 8 . . | 2 . 3
1 . . | . . 6 | . . .
. 7 2 | . . . | . . .
------+-------+------
. . 3 | . . 2 | 7 . .
. 5 . | . 1 . | . 6 .
. . 7 | 4 . . | 8 . .
------+-------+------
. . . | . . . | 6 1 .
. . . | . 6 . | . . 4
6 . . | . . 5 | . 7 8
```

Puzzle #151 – Semplice

Puzzle #152

```
2 . . | . 9 . | 6 . .
. . 5 | 6 1 . | . 2 .
. . . | . . 3 | 9 . 4
------+-------+------
6 . 4 | . . 1 | . . .
. . . | . . . | . . .
. . . | 8 . . | 1 . 9
------+-------+------
3 . 9 | 2 . . | . . .
. 4 . | . 6 7 | 8 . .
. . 2 | . 4 . | . . 3
```

Puzzle #152 – Semplice

Puzzle #153 – Semplice

Puzzle #154 – Semplice

Puzzle #155 – Semplice

	6	1	8			7		
						5		9
						6	3	8
1			5			9	2	
			7		1			
	8	4			2			6
4	9	6						
3		8			5	4	9	
		7						

Puzzle #155 – Semplice

Puzzle #156 – Semplice

7	4	3	2					
	6			1	3	7		
	5		6					
	9	6						
8	7						6	3
						1	8	
					5	4		
		2	8	4		5		
					2	6	3	8

Puzzle #156 – Semplice

Puzzle #157 – Semplice

```
. 7 . | 5 . . | . 3 .
. . . | 3 . . | . . 6
. . 3 | . 7 . | . 5 .
------+-------+------
4 . 1 | . 3 9 | 6 . .
. . . | . . . | . . .
. . 9 | 8 5 . | 4 . 3
------+-------+------
. 4 . | . 2 . | 8 . .
7 . . | . . 4 | . . .
. 8 . | . . 5 | 2 . .
```

Puzzle #157 – Semplice

Puzzle #158 – Semplice

```
. . . | 2 . . | 9 . .
. . 9 | . . . | . 1 5
. . 1 | . 4 9 | 8 . 3
------+-------+------
. . . | . 6 . | . 9 .
6 7 5 | . . . | 1 8 2
. 2 . | . 7 . | . . .
------+-------+------
7 . . | 2 1 8 | . 4 .
4 8 . | . . . | 3 . .
. . . | 1 . 6 | . . .
```

Puzzle #158 – Semplice

Puzzle #159

9	6				1			
	5		7		9		3	2
		1						
2		5						
	1			9			4	
						6		9
						4		
6	3		1		7		9	
			8				7	5

Puzzle #159 – Semplice

Puzzle #160

			1	3			5	
		5	4	2		3		
			9			2	8	
	6							3
	9	4		3		6	1	
3							2	
	4	2		8				
		9	4	6		8		
	1		3	2				

Puzzle #160 – Semplice

Puzzle #161

1	4		7	6			2	
	8		4			5		
7				5		1		
						9	6	
			1	3	7			
	2	1						
	7		8					9
	8			6		7		
	6		7	3		1	4	

Puzzle #161 – Semplice

Puzzle #162

		7		4			6	
3		5						9
6						1		
4	1				5			
	5	6	4	9	3	8	1	
			7				9	4
		4						1
2						6		8
		6		5		7		

Puzzle #162 – Semplice

Puzzle #163 – Semplice

Puzzle #164 – Semplice

Puzzle #165

	3		9	2				
			4		5			7
							2	5
			5			2		1
7		6				3		8
5		1			8			
3	6							
4			8		3			
				5	2		6	

Puzzle #165 – Semplice

Puzzle #166

		9	4	7				6
		3			9	8	7	
	3	2						
7		8		3		4		5
						2	1	
	1	7	9			3		
4				8	1	6		

Puzzle #166 – Semplice

Puzzle #167 – Semplice

	8	1		6		9		
5			4		3	2	1	
2	4							
		8						
			1		2			
						7		
							9	1
	9	5	8		4			2
		7		9		6	4	

Puzzle #167 – Semplice

Puzzle #168 – Semplice

	9							
				1			9	3
7			9			6	2	1
					9	2		
	2	9	7		6	3	1	
		1	5					
2	7	6			5			4
5	3			4				
							6	

Puzzle #168 – Semplice

Puzzle #169:

		1					3	
	7	6		9	2	8	4	
		2					6	5
				1				7
	5			6		4		
7				3				
1	9					3		
	5	7	3	8		6	9	
	6				4			

Puzzle #169 – Semplice

Puzzle #170:

					4		6	3
		9	2	1	8			
4						9		1
	7	4		3				
				7		4	5	
5		3						2
			6	9	3	8		
9	4		5					

Puzzle #170 – Semplice

Puzzle #171

```
4 3 . | . 6 5 | . . .
5 . . | . . . | 1 . 4
. . 8 | 2 . . | . 9 .
------+-------+------
. . . | . 1 7 | . . .
7 . . | . . . | . . 4
. . . | 9 8 . | . . .
------+-------+------
. 1 . | . . 2 | 7 . .
. 8 2 | . . . | . . 1
. . . | 3 4 . | . 2 8
```

Puzzle #171 – Semplice

Puzzle #172

```
. . . | . . 5 | . . 7
. 4 7 | 9 . . | . . .
. . . | . . . | 2 6 9
------+-------+------
. 9 . | 2 1 . | . 8 .
2 . . | 4 . 3 | . . 6
. 1 . | . 9 6 | . 3 .
------+-------+------
4 6 5 | . . . | . . .
. . . | . . 9 | 6 5 .
1 . . | 5 . . | . . .
```

Puzzle #172 – Semplice

Puzzle #173 grid:

8				7		1		
			4		8	9		
		1			9		8	
7	2	5						
	8		2		7		6	
						8	2	7
	5		7			2		
		4	5		1			
		9		6				3

Puzzle #173 – Semplice

Puzzle #174 grid:

							8	5
3			7		4	9		2
1	2		5					
							3	7
	4						6	
8	1							
					2		5	9
4		6	3		5			1
2	3							

Puzzle #174 – Semplice

Puzzle #175

5	4	3			8			
	7				6			
	9	8	5	1				
			6		9	4		1
				7				
1		9	4		3			
				9	4	2	3	
			2				5	
			7			8	1	9

Puzzle #175 – Semplice

Puzzle #176

	1	2	9	3			7	
	4			7	6			8
	9							
	6		7		8	5		
		4	2		1		3	
							1	
9			6	1			8	
	2			9	3	7	5	

Puzzle #176 – Semplice

Puzzle #177 – Semplice

Puzzle #178 – Semplice

Puzzle #179 – Semplice

Puzzle #180 – Semplice

	7					3		
8	1					5		6
				6	4		9	
	2	4	5					
1								7
			3	9	2			
	3		6	8				
7		1					2	9
		8					1	

Puzzle #181 – Semplice

	4				3	1		
			4	6	7			
3	7	6			5			
					1	6	5	2
9	6	1	5					
			7			9	1	5
			8	5	6			
			3	2			4	

Puzzle #182 – Semplice

Puzzle #183

				3	4		7	6
		7	5		1	3		
							8	
4					7			
3		5		1		2		8
			4					5
	6							
		8	3		5	1		
7	5		6	2				

Puzzle #183 – Semplice

Puzzle #184

1			9		2			
3	5		8	4	6			
4						7		
	2			8				4
			2		7			
6				1		5		
	4							5
			4	9	3		6	7
			7		8			9

Puzzle #184 – Semplice

2	9				6	1		4
		6					3	
			4			7		
	8			5				
6		7				3		8
			2				1	
		2			5			
	7					5		
5		4	9				6	1

Puzzle #185 – Semplice

6						8		
	9	2	6				4	
	4	5	2					
	8				5			
	1	7	9	8	2	6	3	
			3				2	
					9	5	7	
	6				3	2	8	
		8						3

Puzzle #186 – Semplice

Puzzle #187:

	5		8					1
	7	9	5	2	6			
3							9	8
5				4	9			
			5	6				4
7	4							6
	6	5	2	7	3			
2					4		8	

Puzzle #187 – Semplice

Puzzle #188:

				7	2	3	6	
	2				9			
	3	9		6			7	
	6		7			5		
9	2						4	6
		5			6		8	
	9			8		4	5	
			1			9		
	4	8	9	2				

Puzzle #188 – Semplice

Puzzle #189 – Semplice

Puzzle #190 – Semplice

Puzzle #191 – Semplice

Puzzle #192 – Semplice

Puzzle #193

1	5							
	4	2			5	7		
						6		5
3				7	9			
		7	5	4	6	2		
			2	3				7
5		8						
		1	7			4	3	
							7	1

Puzzle #193 – Semplice

Puzzle #194

8	1				6		3	
	4					8		
	7	9	3			5		
				1	8	9		
1								4
		3	9	7				
			4			9	1	6
		1					9	
		3		1			2	8

Puzzle #194 – Semplice

4	8	7	2	6				9
2				3	4			
	9	3						
			5			9		
	2		4		1		7	
		1			3			
						1	9	
			3	4				2
6				1	9	4	8	3

Puzzle #195 – Semplice

				4		3		5
2	5	6	3				8	
								6
	1	4		3	9			
5				8				4
			2	7		5	1	
8								
	7				3	2	9	8
9		2		1				

Puzzle #196 – Semplice

Puzzle #197 – Semplice

Puzzle #198 – Semplice

Puzzle #199 – Semplice

7	3		9	2		6	1	
1		8						
				7				
			2			7	3	
		2		8		5		
	1	7			5			
				4				
						3		8
	2	3		6	1		4	5

Puzzle #199 – Semplice

Puzzle #200 – Semplice

	2	7	1				6	
3				7		8		
1	8	5	9	6			3	
2	9	8						
						9	5	7
	7			4	1	6	9	3
		1		9				4
	4				6	1	7	

Puzzle #200 – Semplice

Soluzioni dei Sudoku individuali

Soluzione del Puzzle #1

9	1	6	5	8	3	2	7	4
7	5	2	9	4	1	3	8	6
3	4	8	7	2	6	5	9	1
1	6	9	8	3	7	4	5	2
2	8	5	6	9	4	1	3	7
4	7	3	1	5	2	9	6	8
8	2	7	3	1	5	6	4	9
5	9	1	4	6	8	7	2	3
6	3	4	2	7	9	8	1	5

Soluzione del Puzzle #1

Soluzione del Puzzle #2

8	2	4	3	1	7	6	5	9
9	1	6	2	8	5	3	4	7
5	3	7	9	6	4	8	2	1
6	7	3	5	9	1	2	8	4
1	5	8	4	7	2	9	3	6
4	9	2	6	3	8	7	1	5
2	6	1	8	5	9	4	7	3
3	4	5	7	2	6	1	9	8
7	8	9	1	4	3	5	6	2

Soluzione del Puzzle #2

4	7	5	2	9	1	6	8	3
2	3	6	4	5	8	9	7	1
8	9	1	7	3	6	5	2	4
3	2	8	6	4	9	1	5	7
5	6	9	1	8	7	3	4	2
1	4	7	3	2	5	8	6	9
6	8	2	9	1	4	7	3	5
7	1	4	5	6	3	2	9	8
9	5	3	8	7	2	4	1	6

Soluzione del Puzzle #3

8	1	6	2	9	4	7	5	3
2	4	5	3	7	6	8	9	1
9	7	3	5	8	1	4	2	6
4	2	9	6	5	7	1	3	8
3	6	7	8	1	2	9	4	5
1	5	8	9	4	3	2	6	7
5	9	2	1	3	8	6	7	4
6	8	4	7	2	5	3	1	9
7	3	1	4	6	9	5	8	2

Soluzione del Puzzle #4

1	2	9	8	3	4	5	7	6
4	7	8	6	5	1	3	2	9
5	3	6	9	2	7	8	1	4
3	9	2	5	6	8	1	4	7
6	4	5	1	7	3	9	8	2
8	1	7	4	9	2	6	5	3
7	5	3	2	8	9	4	6	1
9	6	4	7	1	5	2	3	8
2	8	1	3	4	6	7	9	5

Soluzione del Puzzle #5

8	4	9	7	2	5	1	3	6
5	7	3	1	8	6	4	9	2
2	6	1	3	9	4	8	5	7
3	8	6	4	1	7	5	2	9
4	2	7	8	5	9	3	6	1
9	1	5	6	3	2	7	4	8
7	9	2	5	4	8	6	1	3
6	3	4	2	7	1	9	8	5
1	5	8	9	6	3	2	7	4

Soluzione del Puzzle #6

1	6	9	5	4	7	2	3	8
4	5	3	2	6	8	1	7	9
2	8	7	3	9	1	4	6	5
6	3	4	8	2	5	7	9	1
5	9	1	6	7	3	8	4	2
7	2	8	9	1	4	6	5	3
3	1	2	7	5	6	9	8	4
8	4	6	1	3	9	5	2	7
9	7	5	4	8	2	3	1	6

Soluzione del Puzzle #7

8	7	1	3	5	6	2	4	9
6	4	9	2	8	1	3	7	5
5	2	3	4	7	9	6	1	8
1	9	8	6	3	5	7	2	4
2	6	5	7	4	8	9	3	1
7	3	4	1	9	2	5	8	6
9	5	7	8	1	3	4	6	2
3	1	2	9	6	4	8	5	7
4	8	6	5	2	7	1	9	3

Soluzione del Puzzle #8

4	5	3	1	7	2	6	9	8
7	2	8	4	9	6	1	5	3
9	6	1	5	3	8	7	4	2
1	8	2	6	4	7	9	3	5
6	7	9	2	5	3	8	1	4
5	3	4	9	8	1	2	7	6
3	1	7	8	2	5	4	6	9
8	9	5	7	6	4	3	2	1
2	4	6	3	1	9	5	8	7

Soluzione del Puzzle #9

1	9	8	2	7	5	4	3	6
5	6	3	4	1	8	2	7	9
2	7	4	6	3	9	1	5	8
7	1	9	8	4	6	5	2	3
6	3	5	7	9	2	8	1	4
4	8	2	3	5	1	6	9	7
9	5	6	1	8	3	7	4	2
3	2	7	5	6	4	9	8	1
8	4	1	9	2	7	3	6	5

Soluzione del Puzzle #10

6	5	8	7	9	1	4	2	3
9	2	3	5	4	8	7	6	1
1	7	4	6	2	3	9	8	5
5	8	6	3	7	4	2	1	9
2	4	7	9	1	6	5	3	8
3	9	1	2	8	5	6	4	7
7	6	5	1	3	2	8	9	4
8	3	9	4	6	7	1	5	2
4	1	2	8	5	9	3	7	6

Soluzione del Puzzle #11

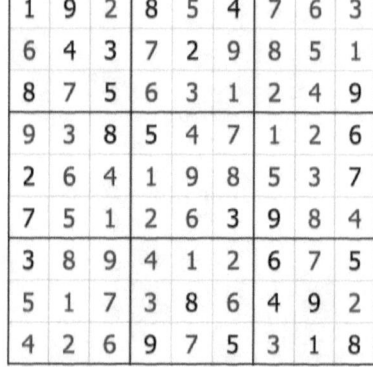

1	9	2	8	5	4	7	6	3
6	4	3	7	2	9	8	5	1
8	7	5	6	3	1	2	4	9
9	3	8	5	4	7	1	2	6
2	6	4	1	9	8	5	3	7
7	5	1	2	6	3	9	8	4
3	8	9	4	1	2	6	7	5
5	1	7	3	8	6	4	9	2
4	2	6	9	7	5	3	1	8

Soluzione del Puzzle #12

Soluzione del Puzzle #13

2	9	6	3	5	4	1	8	7
3	8	4	7	1	2	5	9	6
1	5	7	9	6	8	3	2	4
6	1	8	4	2	5	9	7	3
7	3	2	1	8	9	6	4	5
9	4	5	6	3	7	2	1	8
8	6	9	2	4	3	7	5	1
4	2	3	5	7	1	8	6	9
5	7	1	8	9	6	4	3	2

Soluzione del Puzzle #13

Soluzione del Puzzle #14

9	4	1	5	2	8	6	7	3
6	3	8	1	7	9	2	4	5
7	2	5	3	6	4	8	1	9
1	6	4	7	8	5	9	3	2
2	8	3	9	1	6	4	5	7
5	7	9	2	4	3	1	6	8
3	5	2	6	9	1	7	8	4
8	1	7	4	3	2	5	9	6
4	9	6	8	5	7	3	2	1

Soluzione del Puzzle #14

Soluzione del Puzzle #15

3	9	7	5	6	2	1	4	8
4	2	1	9	8	3	7	6	5
8	6	5	1	7	4	9	3	2
7	3	4	8	9	5	6	2	1
2	1	9	6	3	7	8	5	4
5	8	6	2	4	1	3	9	7
1	7	2	3	5	9	4	8	6
9	5	8	4	1	6	2	7	3
6	4	3	7	2	8	5	1	9

Soluzione del Puzzle #15

Soluzione del Puzzle #16

7	6	3	8	5	1	9	2	4
2	1	8	4	9	3	5	6	7
5	4	9	6	7	2	1	8	3
3	8	2	5	4	7	6	9	1
9	5	4	1	3	6	2	7	8
1	7	6	2	8	9	4	3	5
4	9	5	7	2	8	3	1	6
6	3	7	9	1	4	8	5	2
8	2	1	3	6	5	7	4	9

Soluzione del Puzzle #16

Soluzione del Puzzle #17

8	4	3	7	6	2	5	1	9
5	7	6	9	1	8	3	2	4
1	2	9	4	5	3	8	7	6
2	3	1	6	8	5	4	9	7
9	6	5	3	7	4	2	8	1
7	8	4	1	2	9	6	3	5
4	1	2	5	3	7	9	6	8
3	9	7	8	4	6	1	5	2
6	5	8	2	9	1	7	4	3

Soluzione del Puzzle #17

Soluzione del Puzzle #18

8	4	6	7	5	2	3	1	9
2	9	1	4	8	3	7	5	6
7	3	5	1	9	6	2	4	8
9	2	8	5	6	4	1	7	3
3	5	7	2	1	9	6	8	4
1	6	4	8	3	7	9	2	5
4	7	3	6	2	5	8	9	1
5	1	9	3	7	8	4	6	2
6	8	2	9	4	1	5	3	7

Soluzione del Puzzle #18

2	3	5	1	7	6	8	9	4
1	7	4	5	8	9	3	6	2
8	6	9	4	3	2	5	1	7
4	2	7	6	1	5	9	3	8
9	5	6	8	2	3	4	7	1
3	8	1	7	9	4	2	5	6
7	9	3	2	4	1	6	8	5
5	1	2	9	6	8	7	4	3
6	4	8	3	5	7	1	2	9

Soluzione del Puzzle #19

4	8	9	2	5	3	7	6	1
6	3	1	9	4	7	2	8	5
5	2	7	1	6	8	9	3	4
3	1	6	5	7	2	4	9	8
2	9	5	8	3	4	6	1	7
8	7	4	6	9	1	3	5	2
7	6	8	4	1	9	5	2	3
9	4	2	3	8	5	1	7	6
1	5	3	7	2	6	8	4	9

Soluzione del Puzzle #20

1	3	8	4	6	2	9	7	5
2	9	7	8	5	3	6	1	4
6	5	4	9	7	1	3	2	8
3	1	6	5	2	8	4	9	7
7	8	5	1	4	9	2	3	6
9	4	2	6	3	7	8	5	1
8	2	9	7	1	6	5	4	3
5	7	3	2	8	4	1	6	9
4	6	1	3	9	5	7	8	2

Soluzione del Puzzle #21

1	6	7	8	2	3	9	4	5
2	8	3	4	9	5	7	6	1
9	5	4	1	6	7	3	2	8
7	4	9	3	1	6	5	8	2
5	1	6	7	8	2	4	3	9
8	3	2	5	4	9	1	7	6
4	7	8	6	5	1	2	9	3
6	2	5	9	3	4	8	1	7
3	9	1	2	7	8	6	5	4

Soluzione del Puzzle #22

6	2	4	9	3	7	5	1	8
5	9	1	8	4	2	6	3	7
3	8	7	6	1	5	4	2	9
9	5	2	4	7	1	3	8	6
7	1	8	5	6	3	9	4	2
4	3	6	2	9	8	7	5	1
2	7	3	1	5	9	8	6	4
1	4	9	3	8	6	2	7	5
8	6	5	7	2	4	1	9	3

Soluzione del Puzzle #23

8	1	3	6	2	7	4	5	9
9	7	6	5	8	4	2	3	1
5	4	2	9	3	1	7	8	6
2	8	9	4	1	3	6	7	5
7	6	5	2	9	8	1	4	3
1	3	4	7	6	5	9	2	8
3	9	7	8	4	6	5	1	2
6	5	8	1	7	2	3	9	4
4	2	1	3	5	9	8	6	7

Soluzione del Puzzle #24

Soluzione del Puzzle #25

1	5	7	2	3	9	6	8	4
8	2	3	6	4	1	7	5	9
6	4	9	8	5	7	3	1	2
9	6	1	3	7	8	4	2	5
7	8	4	5	1	2	9	6	3
2	3	5	9	6	4	1	7	8
4	9	6	7	8	5	2	3	1
5	7	2	1	9	3	8	4	6
3	1	8	4	2	6	5	9	7

Soluzione del Puzzle #26

1	9	5	3	4	2	8	6	7
6	2	7	1	5	8	9	4	3
3	4	8	7	6	9	2	1	5
2	8	3	9	1	6	5	7	4
5	7	6	8	2	4	1	3	9
9	1	4	5	7	3	6	8	2
7	3	2	6	9	1	4	5	8
4	5	1	2	8	7	3	9	6
8	6	9	4	3	5	7	2	1

Soluzione del Puzzle #27

1	9	3	2	6	8	5	7	4
6	2	7	5	4	1	9	8	3
8	4	5	7	9	3	6	1	2
2	7	1	3	8	6	4	5	9
4	8	6	9	2	5	1	3	7
5	3	9	1	7	4	8	2	6
3	5	4	6	1	7	2	9	8
7	6	2	8	5	9	3	4	1
9	1	8	4	3	2	7	6	5

Soluzione del Puzzle #28

8	6	5	1	2	3	9	7	4
7	9	1	8	4	5	2	3	6
4	3	2	7	6	9	8	5	1
1	5	9	3	7	2	4	6	8
2	8	3	6	5	4	1	9	7
6	4	7	9	1	8	3	2	5
3	7	8	4	9	6	5	1	2
9	2	6	5	8	1	7	4	3
5	1	4	2	3	7	6	8	9

Soluzione del Puzzle #29

4	1	6	9	2	7	3	8	5
9	2	7	5	8	3	4	6	1
3	5	8	4	6	1	7	9	2
6	3	1	8	4	2	5	7	9
8	9	5	1	7	6	2	3	4
7	4	2	3	9	5	8	1	6
5	7	4	6	1	8	9	2	3
1	8	9	2	3	4	6	5	7
2	6	3	7	5	9	1	4	8

Soluzione del Puzzle #30

2	1	4	5	9	6	3	7	8
7	9	3	1	8	2	6	4	5
5	6	8	3	4	7	9	2	1
9	2	1	6	7	3	8	5	4
6	4	7	9	5	8	1	3	2
3	8	5	2	1	4	7	6	9
1	7	9	4	3	5	2	8	6
4	3	6	8	2	1	5	9	7
8	5	2	7	6	9	4	1	3

1	4	8	6	2	5	9	7	3
2	7	6	9	1	3	5	8	4
9	3	5	7	4	8	2	1	6
6	5	4	2	9	7	1	3	8
3	2	9	1	8	4	7	6	5
8	1	7	5	3	6	4	2	9
7	8	1	3	5	9	6	4	2
5	6	3	4	7	2	8	9	1
4	9	2	8	6	1	3	5	7

Soluzione del Puzzle #31

1	9	6	3	4	5	8	7	2
3	7	5	8	6	2	4	1	9
4	2	8	7	9	1	3	6	5
5	6	1	2	3	9	7	8	4
8	3	2	4	7	6	5	9	1
9	4	7	5	1	8	2	3	6
2	1	4	9	8	7	6	5	3
6	8	3	1	5	4	9	2	7
7	5	9	6	2	3	1	4	8

Soluzione del Puzzle #32

9	8	2	3	6	5	1	7	4
5	6	1	2	4	7	9	3	8
7	4	3	9	8	1	2	6	5
2	9	7	8	3	4	6	5	1
3	1	6	5	7	9	4	8	2
8	5	4	1	2	6	3	9	7
4	2	9	6	5	8	7	1	3
6	7	8	4	1	3	5	2	9
1	3	5	7	9	2	8	4	6

Soluzione del Puzzle #33

1	4	8	2	7	3	6	5	9
7	5	9	4	8	6	3	1	2
3	6	2	9	1	5	7	8	4
9	8	1	5	6	7	2	4	3
2	3	6	1	4	8	9	7	5
4	7	5	3	9	2	8	6	1
5	2	7	6	3	4	1	9	8
8	1	4	7	2	9	5	3	6
6	9	3	8	5	1	4	2	7

Soluzione del Puzzle #34

6	9	2	8	7	1	5	4	3
1	8	7	3	4	5	9	6	2
5	4	3	6	9	2	1	8	7
8	5	4	7	1	6	3	2	9
3	7	9	5	2	4	6	1	8
2	1	6	9	8	3	4	7	5
4	3	1	2	5	7	8	9	6
7	6	8	4	3	9	2	5	1
9	2	5	1	6	8	7	3	4

Soluzione del Puzzle #35

8	1	2	4	9	6	7	5	3
7	5	9	8	2	3	1	6	4
4	3	6	5	1	7	9	2	8
6	2	4	3	7	5	8	9	1
9	7	3	6	8	1	2	4	5
1	8	5	2	4	9	6	3	7
3	6	1	9	5	8	4	7	2
2	9	8	7	3	4	5	1	6
5	4	7	1	6	2	3	8	9

Soluzione del Puzzle #36

1	9	7	3	2	8	5	6	4
5	2	6	7	1	4	8	9	3
8	4	3	5	6	9	1	2	7
6	5	9	1	7	3	2	4	8
2	7	4	8	5	6	9	3	1
3	8	1	4	9	2	6	7	5
9	1	5	2	4	7	3	8	6
7	6	8	9	3	5	4	1	2
4	3	2	6	8	1	7	5	9

Soluzione del Puzzle #37

3	5	8	9	7	6	2	1	4
6	2	7	1	4	8	9	3	5
1	4	9	5	2	3	6	8	7
2	6	5	3	8	1	4	7	9
9	7	1	4	5	2	3	6	8
8	3	4	6	9	7	1	5	2
7	1	2	8	3	9	5	4	6
4	9	6	7	1	5	8	2	3
5	8	3	2	6	4	7	9	1

Soluzione del Puzzle #38

9	2	8	4	5	6	1	7	3
1	6	3	8	7	9	4	2	5
5	7	4	2	3	1	6	8	9
6	3	7	1	9	8	2	5	4
8	9	2	3	4	5	7	1	6
4	5	1	7	6	2	9	3	8
2	4	5	9	8	7	3	6	1
3	1	6	5	2	4	8	9	7
7	8	9	6	1	3	5	4	2

Soluzione del Puzzle #39

5	6	7	3	2	1	4	9	8
9	3	8	7	4	5	1	2	6
1	4	2	9	6	8	5	3	7
4	9	1	8	7	3	2	6	5
3	7	6	4	5	2	9	8	1
2	8	5	6	1	9	7	4	3
7	1	4	2	3	6	8	5	9
6	5	9	1	8	4	3	7	2
8	2	3	5	9	7	6	1	4

Soluzione del Puzzle #40

9	4	3	6	1	7	8	5	2
1	5	7	8	3	2	4	9	6
2	6	8	9	5	4	1	7	3
8	3	2	1	7	6	5	4	9
6	1	5	4	9	3	7	2	8
4	7	9	2	8	5	6	3	1
7	8	1	5	2	9	3	6	4
3	2	4	7	6	8	9	1	5
5	9	6	3	4	1	2	8	7

Soluzione del Puzzle #41

4	1	6	7	9	2	5	3	8
8	7	5	4	6	3	9	1	2
9	3	2	1	8	5	6	7	4
5	2	9	3	1	8	7	4	6
1	6	7	9	2	4	3	8	5
3	4	8	5	7	6	1	2	9
2	9	4	6	3	7	8	5	1
6	8	3	2	5	1	4	9	7
7	5	1	8	4	9	2	6	3

Soluzione del Puzzle #42

Soluzione del Puzzle #43

3	5	2	4	6	9	7	1	8
4	6	8	3	1	7	2	5	9
9	1	7	8	5	2	6	3	4
8	2	4	5	3	6	9	7	1
1	7	6	2	9	8	3	4	5
5	3	9	1	7	4	8	2	6
2	9	1	6	4	3	5	8	7
7	8	5	9	2	1	4	6	3
6	4	3	7	8	5	1	9	2

Soluzione del Puzzle #44

2	3	6	9	8	7	4	1	5
9	5	4	1	6	2	7	3	8
8	1	7	3	5	4	9	6	2
3	7	8	5	1	9	6	2	4
5	6	2	4	7	3	1	8	9
4	9	1	6	2	8	5	7	3
7	2	9	8	4	1	3	5	6
6	8	3	7	9	5	2	4	1
1	4	5	2	3	6	8	9	7

Soluzione del Puzzle #45

3	1	6	7	9	2	5	4	8
4	8	2	1	3	5	6	7	9
7	5	9	8	4	6	2	1	3
5	7	3	6	8	1	4	9	2
6	2	8	9	7	4	1	3	5
1	9	4	2	5	3	7	8	6
8	6	5	4	1	9	3	2	7
2	4	7	3	6	8	9	5	1
9	3	1	5	2	7	8	6	4

Soluzione del Puzzle #46

1	2	7	5	6	3	9	8	4
4	6	9	1	8	7	5	2	3
8	5	3	4	2	9	1	7	6
7	4	8	6	1	5	3	9	2
2	3	6	7	9	4	8	5	1
5	9	1	2	3	8	6	4	7
3	8	2	9	7	6	4	1	5
9	7	5	3	4	1	2	6	8
6	1	4	8	5	2	7	3	9

Soluzione del Puzzle #47

4	2	8	7	6	3	9	5	1
7	5	1	8	9	2	6	3	4
9	3	6	1	5	4	8	2	7
2	6	5	3	1	8	4	7	9
1	9	7	6	4	5	3	8	2
8	4	3	9	2	7	5	1	6
5	1	4	2	8	6	7	9	3
6	7	2	5	3	9	1	4	8
3	8	9	4	7	1	2	6	5

Soluzione del Puzzle #48

9	1	8	2	4	6	7	3	5
2	4	7	9	5	3	1	6	8
3	5	6	7	1	8	9	2	4
5	2	9	6	7	4	3	8	1
8	6	4	3	2	1	5	9	7
1	7	3	8	9	5	6	4	2
6	3	2	5	8	7	4	1	9
7	8	1	4	6	9	2	5	3
4	9	5	1	3	2	8	7	6

2	1	6	5	3	8	9	4	7
3	5	7	4	9	6	8	2	1
4	8	9	7	1	2	5	3	6
1	9	3	6	5	7	2	8	4
7	4	2	1	8	3	6	5	9
8	6	5	9	2	4	7	1	3
6	3	4	2	7	5	1	9	8
9	2	8	3	6	1	4	7	5
5	7	1	8	4	9	3	6	2

Soluzione del Puzzle #49

7	8	4	6	1	5	3	2	9
1	6	3	9	2	7	5	8	4
9	2	5	4	8	3	1	6	7
3	4	2	1	7	8	6	9	5
8	7	9	5	3	6	4	1	2
5	1	6	2	9	4	7	3	8
2	3	7	8	4	1	9	5	6
6	9	1	7	5	2	8	4	3
4	5	8	3	6	9	2	7	1

Soluzione del Puzzle #50

1	2	9	5	3	7	8	4	6
8	5	3	4	2	6	7	9	1
4	7	6	8	1	9	5	2	3
7	6	1	9	5	4	3	8	2
3	9	4	2	7	8	1	6	5
2	8	5	3	6	1	9	7	4
5	3	7	6	8	2	4	1	9
6	4	8	1	9	3	2	5	7
9	1	2	7	4	5	6	3	8

Soluzione del Puzzle #51

5	8	7	2	3	4	9	6	1
2	9	3	8	6	1	4	7	5
6	4	1	7	5	9	8	3	2
9	3	8	5	2	7	6	1	4
1	2	4	9	8	6	7	5	3
7	6	5	1	4	3	2	9	8
8	7	9	3	1	2	5	4	6
4	1	2	6	9	5	3	8	7
3	5	6	4	7	8	1	2	9

Soluzione del Puzzle #52

4	9	6	5	1	3	2	7	8
8	3	5	2	6	7	4	1	9
2	7	1	9	4	8	3	5	6
5	4	3	7	9	1	8	6	2
7	8	9	6	2	5	1	3	4
1	6	2	8	3	4	5	9	7
9	5	4	1	8	6	7	2	3
6	1	8	3	7	2	9	4	5
3	2	7	4	5	9	6	8	1

Soluzione del Puzzle #53

9	1	5	4	2	3	7	6	8
6	2	8	9	7	5	4	1	3
4	7	3	6	8	1	2	9	5
8	9	1	7	4	6	5	3	2
5	3	6	2	1	8	9	7	4
7	4	2	3	5	9	1	8	6
3	5	9	1	6	4	8	2	7
1	8	7	5	3	2	6	4	9
2	6	4	8	9	7	3	5	1

Soluzione del Puzzle #54

Soluzione del Puzzle #55

1	6	4	9	5	3	2	7	8
2	3	9	8	4	7	1	6	5
8	7	5	1	6	2	9	3	4
6	9	2	5	7	1	8	4	3
5	4	3	2	9	8	6	1	7
7	1	8	4	3	6	5	2	9
3	2	7	6	8	9	4	5	1
9	5	6	3	1	4	7	8	2
4	8	1	7	2	5	3	9	6

Soluzione del Puzzle #56

8	5	2	9	3	6	7	1	4
4	9	7	2	5	1	3	6	8
1	3	6	7	4	8	2	5	9
2	6	4	8	7	5	1	9	3
7	1	5	3	2	9	4	8	6
9	8	3	1	6	4	5	7	2
3	4	8	5	9	7	6	2	1
5	2	1	6	8	3	9	4	7
6	7	9	4	1	2	8	3	5

Soluzione del Puzzle #57

4	8	1	9	6	5	2	3	7
7	5	6	3	4	2	9	8	1
9	2	3	7	1	8	5	6	4
1	9	4	5	2	6	3	7	8
3	7	5	1	8	9	6	4	2
8	6	2	4	7	3	1	9	5
2	1	8	6	9	4	7	5	3
5	4	9	2	3	7	8	1	6
6	3	7	8	5	1	4	2	9

Soluzione del Puzzle #58

3	7	6	2	4	8	5	1	9
5	9	4	7	6	1	3	2	8
1	2	8	5	3	9	4	7	6
4	1	7	9	5	3	8	6	2
9	6	3	4	8	2	1	5	7
8	5	2	6	1	7	9	3	4
2	3	5	8	7	4	6	9	1
7	4	1	3	9	6	2	8	5
6	8	9	1	2	5	7	4	3

Soluzione del Puzzle #59

9	5	1	2	6	8	3	4	7
3	2	7	4	5	1	8	6	9
4	8	6	3	7	9	1	2	5
5	6	8	1	3	4	7	9	2
1	7	3	6	9	2	4	5	8
2	4	9	7	8	5	6	3	1
7	9	2	8	4	3	5	1	6
8	3	5	9	1	6	2	7	4
6	1	4	5	2	7	9	8	3

Soluzione del Puzzle #60

3	8	7	5	4	1	6	2	9
9	1	4	2	6	7	8	5	3
2	6	5	8	9	3	4	1	7
7	9	3	4	2	6	5	8	1
8	5	6	1	7	9	2	3	4
1	4	2	3	5	8	7	9	6
4	3	8	7	1	2	9	6	5
5	2	9	6	3	4	1	7	8
6	7	1	9	8	5	3	4	2

Soluzione del Puzzle #61

1	7	2	3	9	4	5	8	6
9	5	6	8	7	1	2	3	4
8	4	3	6	2	5	7	9	1
5	1	9	7	3	2	4	6	8
3	8	7	4	6	9	1	2	5
6	2	4	5	1	8	9	7	3
7	3	5	9	4	6	8	1	2
4	9	1	2	8	3	6	5	7
2	6	8	1	5	7	3	4	9

Soluzione del Puzzle #62

9	2	7	3	6	4	1	8	5
1	6	3	8	5	7	9	4	2
5	4	8	9	1	2	7	3	6
7	9	6	4	8	3	2	5	1
8	1	2	5	7	6	3	9	4
4	3	5	2	9	1	6	7	8
2	5	9	1	3	8	4	6	7
3	7	4	6	2	5	8	1	9
6	8	1	7	4	9	5	2	3

Soluzione del Puzzle #63

1	5	8	2	3	6	4	9	7
6	9	2	7	4	5	8	3	1
7	3	4	8	9	1	5	2	6
4	1	3	5	6	9	7	8	2
9	2	5	4	7	8	1	6	3
8	6	7	3	1	2	9	5	4
5	4	1	9	2	3	6	7	8
2	7	9	6	8	4	3	1	5
3	8	6	1	5	7	2	4	9

Soluzione del Puzzle #64

7	3	4	8	1	2	9	6	5
6	2	9	4	7	5	1	8	3
1	5	8	3	9	6	2	4	7
8	1	5	9	4	3	6	7	2
4	7	2	5	6	8	3	1	9
9	6	3	7	2	1	8	5	4
2	8	7	6	3	4	5	9	1
5	4	1	2	8	9	7	3	6
3	9	6	1	5	7	4	2	8

Soluzione del Puzzle #65

1	6	5	7	2	4	3	8	9
4	9	7	6	3	8	1	2	5
8	2	3	1	5	9	6	7	4
2	5	9	4	7	6	8	1	3
6	8	4	5	1	3	2	9	7
7	3	1	8	9	2	4	5	6
3	7	8	9	6	1	5	4	2
5	1	6	2	4	7	9	3	8
9	4	2	3	8	5	7	6	1

Soluzione del Puzzle #66

7	8	4	1	9	6	3	2	5
5	9	6	2	3	8	4	1	7
1	3	2	7	5	4	6	8	9
2	7	3	5	1	9	8	4	6
9	6	1	8	4	2	5	7	3
4	5	8	3	6	7	1	9	2
3	1	9	4	2	5	7	6	8
8	2	5	6	7	1	9	3	4
6	4	7	9	8	3	2	5	1

6	8	9	5	2	3	1	4	7
1	4	2	7	6	8	5	3	9
3	5	7	9	4	1	6	2	8
8	1	6	3	9	7	2	5	4
2	7	4	8	5	6	9	1	3
9	3	5	4	1	2	7	8	6
4	6	1	2	3	9	8	7	5
7	2	3	6	8	5	4	9	1
5	9	8	1	7	4	3	6	2

Soluzione del Puzzle #67

5	2	8	6	1	9	3	7	4
9	7	4	8	2	3	5	1	6
3	6	1	7	4	5	8	2	9
8	9	2	5	7	4	1	6	3
1	4	3	2	6	8	7	9	5
6	5	7	9	3	1	4	8	2
4	8	5	1	9	6	2	3	7
7	1	6	3	5	2	9	4	8
2	3	9	4	8	7	6	5	1

Soluzione del Puzzle #68

7	8	5	3	1	2	9	6	4
9	4	1	8	6	5	7	3	2
3	6	2	4	7	9	8	5	1
8	1	9	7	5	4	6	2	3
6	5	3	1	2	8	4	7	9
2	7	4	6	9	3	1	8	5
1	2	7	5	4	6	3	9	8
4	9	8	2	3	7	5	1	6
5	3	6	9	8	1	2	4	7

Soluzione del Puzzle #69

4	6	5	8	7	3	2	1	9
3	2	7	5	1	9	8	6	4
9	1	8	4	6	2	5	3	7
1	3	2	7	9	5	6	4	8
7	9	4	6	8	1	3	5	2
5	8	6	3	2	4	9	7	1
2	7	9	1	5	6	4	8	3
8	5	3	2	4	7	1	9	6
6	4	1	9	3	8	7	2	5

Soluzione del Puzzle #70

1	5	4	9	6	3	2	8	7
8	2	3	1	7	5	9	4	6
9	6	7	2	8	4	3	5	1
4	3	9	6	2	8	1	7	5
5	7	2	3	4	1	8	6	9
6	8	1	5	9	7	4	2	3
2	4	5	7	3	9	6	1	8
7	9	6	8	1	2	5	3	4
3	1	8	4	5	6	7	9	2

Soluzione del Puzzle #71

4	2	5	1	8	7	9	3	6
7	6	8	3	9	2	5	1	4
3	1	9	6	4	5	2	7	8
6	9	1	2	7	8	3	4	5
8	4	2	5	3	9	1	6	7
5	7	3	4	1	6	8	9	2
1	3	6	8	2	4	7	5	9
2	5	7	9	6	3	4	8	1
9	8	4	7	5	1	6	2	3

Soluzione del Puzzle #72

Soluzione del Puzzle #73

5	6	1	4	7	2	9	3	8
9	4	2	8	3	1	6	7	5
3	8	7	9	5	6	2	4	1
4	5	9	1	2	3	7	8	6
8	2	6	7	4	5	3	1	9
1	7	3	6	9	8	4	5	2
7	9	5	2	1	4	8	6	3
6	3	4	5	8	9	1	2	7
2	1	8	3	6	7	5	9	4

Soluzione del Puzzle #74

9	6	7	4	2	5	8	3	1
5	3	8	6	7	1	9	2	4
2	1	4	3	9	8	6	7	5
7	4	9	2	8	3	5	1	6
6	8	5	9	1	7	3	4	2
3	2	1	5	6	4	7	8	9
4	7	2	8	5	6	1	9	3
8	9	6	1	3	2	4	5	7
1	5	3	7	4	9	2	6	8

Soluzione del Puzzle #75

4	6	3	2	9	8	5	1	7
7	1	8	3	5	4	9	6	2
5	9	2	7	1	6	3	8	4
9	3	7	1	4	2	8	5	6
2	5	6	9	8	7	1	4	3
1	8	4	5	6	3	7	2	9
3	4	1	6	7	5	2	9	8
8	2	9	4	3	1	6	7	5
6	7	5	8	2	9	4	3	1

Soluzione del Puzzle #76

8	7	1	6	4	3	9	5	2
2	3	6	7	5	9	4	8	1
9	4	5	8	1	2	7	6	3
1	2	7	3	8	5	6	9	4
5	9	4	2	6	1	8	3	7
3	6	8	9	7	4	1	2	5
6	8	2	1	3	7	5	4	9
7	5	9	4	2	6	3	1	8
4	1	3	5	9	8	2	7	6

Soluzione del Puzzle #77

8	6	9	3	7	5	4	2	1
4	7	5	8	1	2	9	6	3
2	3	1	6	9	4	5	7	8
5	2	6	7	3	1	8	4	9
9	1	7	4	5	8	6	3	2
3	8	4	2	6	9	7	1	5
6	4	8	5	2	3	1	9	7
7	9	3	1	8	6	2	5	4
1	5	2	9	4	7	3	8	6

Soluzione del Puzzle #78

8	5	2	3	6	7	4	1	9
4	3	6	9	1	8	2	5	7
1	9	7	4	2	5	6	8	3
6	2	8	7	5	4	9	3	1
5	1	4	6	3	9	8	7	2
3	7	9	2	8	1	5	6	4
2	4	1	8	7	6	3	9	5
7	8	3	5	9	2	1	4	6
9	6	5	1	4	3	7	2	8

Soluzione del Puzzle #79

2	7	5	9	1	6	4	3	8
9	3	6	8	2	4	1	7	5
4	8	1	3	7	5	2	6	9
3	4	8	2	9	7	6	5	1
5	9	7	1	6	8	3	2	4
6	1	2	4	5	3	9	8	7
8	2	4	7	3	1	5	9	6
7	5	9	6	4	2	8	1	3
1	6	3	5	8	9	7	4	2

Soluzione del Puzzle #80

5	3	4	8	1	9	7	6	2
8	2	6	3	7	5	1	9	4
1	7	9	2	4	6	3	8	5
6	4	1	5	3	7	8	2	9
3	9	2	6	8	4	5	1	7
7	8	5	1	9	2	4	3	6
9	6	8	4	5	3	2	7	1
4	1	7	9	2	8	6	5	3
2	5	3	7	6	1	9	4	8

Soluzione del Puzzle #81

6	1	2	7	3	9	4	5	8
4	8	9	1	5	6	3	2	7
5	7	3	8	2	4	9	6	1
2	6	7	4	1	3	8	9	5
1	3	8	6	9	5	2	7	4
9	5	4	2	8	7	1	3	6
3	4	5	9	7	8	6	1	2
8	9	1	5	6	2	7	4	3
7	2	6	3	4	1	5	8	9

Soluzione del Puzzle #82

4	8	5	7	2	9	6	1	3
2	6	3	4	5	1	9	7	8
9	7	1	6	8	3	2	5	4
6	2	9	8	1	5	3	4	7
8	3	7	2	6	4	1	9	5
1	5	4	3	9	7	8	6	2
7	1	6	5	3	8	4	2	9
5	9	8	1	4	2	7	3	6
3	4	2	9	7	6	5	8	1

Soluzione del Puzzle #83

9	5	1	2	7	3	6	8	4
7	4	6	9	8	1	5	2	3
2	8	3	6	5	4	7	9	1
6	7	5	3	1	8	9	4	2
1	9	2	4	6	7	8	3	5
8	3	4	5	9	2	1	6	7
3	6	8	7	2	5	4	1	9
5	2	9	1	4	6	3	7	8
4	1	7	8	3	9	2	5	6

Soluzione del Puzzle #84

3	6	8	1	9	2	7	5	4
9	7	5	8	6	4	2	3	1
2	4	1	3	5	7	8	6	9
1	5	9	7	4	3	6	2	8
8	2	4	5	1	6	3	9	7
7	3	6	9	2	8	1	4	5
5	8	3	2	7	9	4	1	6
6	1	2	4	8	5	9	7	3
4	9	7	6	3	1	5	8	2

8	7	2	5	6	4	1	9	3
3	5	9	1	8	2	4	6	7
4	6	1	7	3	9	8	2	5
6	2	4	8	5	3	9	7	1
9	3	8	4	7	1	2	5	6
5	1	7	9	2	6	3	8	4
2	8	6	3	1	7	5	4	9
1	9	5	6	4	8	7	3	2
7	4	3	2	9	5	6	1	8

Soluzione del Puzzle #85

8	9	7	3	2	5	1	4	6
3	6	5	7	4	1	8	9	2
4	2	1	9	8	6	5	3	7
7	3	9	5	1	2	4	6	8
6	1	2	8	3	4	9	7	5
5	8	4	6	7	9	2	1	3
1	7	3	4	5	8	6	2	9
2	5	6	1	9	3	7	8	4
9	4	8	2	6	7	3	5	1

Soluzione del Puzzle #86

6	1	8	3	4	9	7	5	2
7	2	9	5	8	1	4	3	6
5	3	4	2	6	7	8	9	1
2	5	1	6	7	3	9	8	4
9	8	6	4	1	5	2	7	3
4	7	3	9	2	8	6	1	5
1	4	7	8	5	2	3	6	9
8	9	2	1	3	6	5	4	7
3	6	5	7	9	4	1	2	8

Soluzione del Puzzle #87

7	1	3	6	8	5	2	4	9
6	4	9	2	7	3	5	8	1
5	8	2	4	1	9	3	7	6
9	2	5	8	3	7	6	1	4
3	7	4	9	6	1	8	5	2
1	6	8	5	4	2	9	3	7
2	9	1	7	5	8	4	6	3
8	3	6	1	9	4	7	2	5
4	5	7	3	2	6	1	9	8

Soluzione del Puzzle #88

8	9	7	6	1	3	5	2	4
4	3	2	5	8	7	9	6	1
1	6	5	4	2	9	8	3	7
6	5	1	2	9	4	7	8	3
3	2	4	7	5	8	6	1	9
9	7	8	1	3	6	4	5	2
5	4	3	8	7	1	2	9	6
7	8	9	3	6	2	1	4	5
2	1	6	9	4	5	3	7	8

Soluzione del Puzzle #89

6	7	4	1	3	5	9	2	8
9	5	2	4	8	7	3	6	1
1	3	8	6	2	9	7	4	5
2	1	3	8	6	4	5	9	7
5	4	7	9	1	3	2	8	6
8	9	6	5	7	2	4	1	3
3	6	5	2	9	1	8	7	4
4	8	9	7	5	6	1	3	2
7	2	1	3	4	8	6	5	9

Soluzione del Puzzle #90

Soluzione del Puzzle #91

7	9	1	2	3	5	6	4	8
5	8	2	1	6	4	3	7	9
6	3	4	7	8	9	2	5	1
9	7	6	8	5	2	1	3	4
3	1	5	6	4	7	9	8	2
4	2	8	3	9	1	5	6	7
1	6	3	9	7	8	4	2	5
8	5	9	4	2	3	7	1	6
2	4	7	5	1	6	8	9	3

Soluzione del Puzzle #91

Soluzione del Puzzle #92

6	1	8	2	7	4	9	5	3
2	4	9	8	3	5	1	6	7
3	5	7	9	6	1	4	2	8
9	6	4	1	5	3	8	7	2
7	3	5	4	8	2	6	1	9
1	8	2	7	9	6	3	4	5
8	2	1	5	4	9	7	3	6
5	7	3	6	1	8	2	9	4
4	9	6	3	2	7	5	8	1

Soluzione del Puzzle #92

Soluzione del Puzzle #93

2	6	1	5	4	3	7	8	9
7	8	3	2	6	9	1	4	5
5	4	9	7	1	8	3	2	6
3	1	7	8	5	2	6	9	4
4	2	5	1	9	6	8	3	7
8	9	6	4	3	7	5	1	2
6	3	4	9	7	1	2	5	8
1	5	2	6	8	4	9	7	3
9	7	8	3	2	5	4	6	1

Soluzione del Puzzle #93

Soluzione del Puzzle #94

9	4	8	7	1	6	2	3	5
1	5	7	2	8	3	6	4	9
3	6	2	5	9	4	7	1	8
6	8	1	4	2	5	9	7	3
4	9	5	8	3	7	1	2	6
7	2	3	9	6	1	5	8	4
2	3	6	1	4	9	8	5	7
8	7	4	6	5	2	3	9	1
5	1	9	3	7	8	4	6	2

Soluzione del Puzzle #94

Soluzione del Puzzle #95

2	9	1	7	6	8	3	4	5
6	3	7	4	5	1	9	2	8
5	4	8	9	3	2	1	7	6
7	1	3	5	4	6	8	9	2
9	2	5	8	7	3	6	1	4
4	8	6	2	1	9	5	3	7
8	7	2	1	9	5	4	6	3
3	5	9	6	2	4	7	8	1
1	6	4	3	8	7	2	5	9

Soluzione del Puzzle #95

Soluzione del Puzzle #96

4	1	7	2	3	8	5	9	6
9	3	2	5	6	7	1	8	4
5	8	6	4	9	1	3	7	2
8	6	4	9	7	5	2	1	3
1	9	5	3	8	2	4	6	7
2	7	3	1	4	6	9	5	8
7	4	9	6	5	3	8	2	1
6	5	1	8	2	4	7	3	9
3	2	8	7	1	9	6	4	5

Soluzione del Puzzle #96

3	8	7	5	1	4	9	2	6
9	1	4	2	6	8	5	3	7
5	6	2	7	9	3	4	8	1
2	7	5	1	8	9	3	6	4
4	9	6	3	7	2	1	5	8
1	3	8	6	4	5	7	9	2
8	5	1	9	2	7	6	4	3
6	2	9	4	3	1	8	7	5
7	4	3	8	5	6	2	1	9

Soluzione del Puzzle #97

4	9	7	2	6	8	5	3	1
5	3	6	4	1	7	9	8	2
8	1	2	9	5	3	4	7	6
2	7	9	6	8	5	3	1	4
1	5	3	7	4	9	6	2	8
6	8	4	1	3	2	7	5	9
9	4	8	3	7	1	2	6	5
7	2	5	8	9	6	1	4	3
3	6	1	5	2	4	8	9	7

Soluzione del Puzzle #98

3	6	9	8	2	4	1	7	5
7	2	1	5	6	9	3	4	8
4	5	8	1	7	3	9	2	6
1	4	2	6	5	8	7	3	9
6	9	3	7	4	2	8	5	1
5	8	7	9	3	1	2	6	4
8	3	5	4	1	7	6	9	2
2	1	6	3	9	5	4	8	7
9	7	4	2	8	6	5	1	3

Soluzione del Puzzle #99

8	4	6	7	9	1	5	3	2
1	2	7	3	6	5	9	8	4
3	9	5	4	2	8	1	6	7
9	7	1	8	3	6	4	2	5
5	3	2	1	4	9	8	7	6
6	8	4	5	7	2	3	1	9
7	6	3	9	8	4	2	5	1
2	5	9	6	1	3	7	4	8
4	1	8	2	5	7	6	9	3

Soluzione del Puzzle #100

8	1	2	6	9	3	4	5	7
6	7	5	2	4	1	3	8	9
9	4	3	7	5	8	1	6	2
7	8	6	5	1	4	2	9	3
2	5	9	3	6	7	8	4	1
4	3	1	8	2	9	6	7	5
5	9	8	1	3	6	7	2	4
3	6	4	9	7	2	5	1	8
1	2	7	4	8	5	9	3	6

Soluzione del Puzzle #101

4	9	8	5	7	2	6	3	1
1	3	5	6	9	4	2	7	8
6	7	2	8	3	1	4	9	5
9	2	3	7	1	6	5	8	4
5	6	4	9	8	3	1	2	7
8	1	7	2	4	5	3	6	9
2	4	9	3	5	7	8	1	6
7	5	6	1	2	8	9	4	3
3	8	1	4	6	9	7	5	2

Soluzione del Puzzle #102

6	3	9	4	2	1	7	5	8
2	7	1	3	5	8	6	9	4
5	8	4	9	7	6	3	2	1
3	5	8	7	4	9	2	1	6
1	4	7	5	6	2	9	8	3
9	6	2	8	1	3	5	4	7
8	1	5	2	3	7	4	6	9
4	9	3	6	8	5	1	7	2
7	2	6	1	9	4	8	3	5

Soluzione del Puzzle #103

4	1	2	8	3	6	5	9	7
6	5	8	7	9	4	2	1	3
9	3	7	1	2	5	4	8	6
8	9	1	4	6	2	3	7	5
5	4	3	9	7	1	6	2	8
2	7	6	3	5	8	9	4	1
7	6	4	2	8	3	1	5	9
1	8	5	6	4	9	7	3	2
3	2	9	5	1	7	8	6	4

Soluzione del Puzzle #104

7	9	2	3	8	5	4	1	6
1	6	3	2	4	7	8	5	9
8	5	4	6	1	9	2	7	3
4	8	6	5	7	3	9	2	1
2	7	9	1	6	8	3	4	5
5	3	1	4	9	2	6	8	7
6	2	5	8	3	1	7	9	4
9	4	8	7	5	6	1	3	2
3	1	7	9	2	4	5	6	8

Soluzione del Puzzle #105

1	9	4	3	6	7	8	5	2
5	7	6	9	8	2	3	4	1
3	8	2	1	5	4	7	9	6
4	6	3	5	2	1	9	8	7
7	5	1	8	3	9	2	6	4
8	2	9	4	7	6	1	3	5
6	3	8	2	1	5	4	7	9
9	1	5	7	4	3	6	2	8
2	4	7	6	9	8	5	1	3

Soluzione del Puzzle #106

3	9	1	8	6	7	5	2	4
7	2	5	4	1	9	3	8	6
8	6	4	3	5	2	1	7	9
6	4	8	5	9	3	2	1	7
1	3	9	7	2	6	8	4	5
2	5	7	1	4	8	9	6	3
9	1	2	6	3	4	7	5	8
4	7	3	2	8	5	6	9	1
5	8	6	9	7	1	4	3	2

Soluzione del Puzzle #107

7	1	6	5	9	2	3	4	8
9	8	4	7	3	6	2	5	1
2	3	5	8	1	4	9	6	7
4	9	7	1	2	5	6	8	3
8	5	2	6	7	3	1	9	4
1	6	3	9	4	8	5	7	2
3	2	9	4	6	7	8	1	5
5	4	1	3	8	9	7	2	6
6	7	8	2	5	1	4	3	9

Soluzione del Puzzle #108

Soluzione del Puzzle #109

5	2	3	7	9	1	8	6	4
1	6	8	5	4	2	3	9	7
9	4	7	3	6	8	2	1	5
8	1	2	9	7	6	5	4	3
7	3	9	2	5	4	6	8	1
6	5	4	1	8	3	9	7	2
2	8	6	4	1	5	7	3	9
3	7	1	8	2	9	4	5	6
4	9	5	6	3	7	1	2	8

Soluzione del Puzzle #110

4	3	1	7	5	8	6	9	2
9	5	8	2	1	6	3	4	7
7	2	6	9	4	3	8	5	1
5	8	7	1	6	4	9	2	3
2	9	3	8	7	5	4	1	6
6	1	4	3	9	2	7	8	5
1	4	2	6	8	7	5	3	9
8	6	9	5	3	1	2	7	4
3	7	5	4	2	9	1	6	8

Soluzione del Puzzle #111

5	7	9	3	8	1	4	6	2
3	6	2	9	5	4	1	7	8
4	1	8	2	7	6	9	5	3
6	3	4	8	1	5	2	9	7
8	2	7	4	9	3	6	1	5
9	5	1	6	2	7	8	3	4
7	9	5	1	4	2	3	8	6
1	4	6	7	3	8	5	2	9
2	8	3	5	6	9	7	4	1

Soluzione del Puzzle #112

1	4	2	6	8	7	9	5	3
9	8	5	2	4	3	7	1	6
3	6	7	5	1	9	4	8	2
5	2	8	4	9	6	3	7	1
6	9	3	8	7	1	2	4	5
7	1	4	3	2	5	8	6	9
8	3	6	7	5	2	1	9	4
2	7	1	9	6	4	5	3	8
4	5	9	1	3	8	6	2	7

Soluzione del Puzzle #113

2	4	9	7	5	8	1	3	6
3	6	1	2	9	4	7	8	5
7	8	5	6	1	3	4	2	9
1	2	6	5	7	9	8	4	3
9	3	8	4	2	6	5	1	7
5	7	4	3	8	1	9	6	2
6	9	2	1	4	5	3	7	8
8	1	3	9	6	7	2	5	4
4	5	7	8	3	2	6	9	1

Soluzione del Puzzle #114

8	9	4	2	5	1	3	6	7
1	2	6	3	9	7	5	4	8
7	5	3	4	8	6	9	2	1
6	4	1	7	3	9	2	8	5
2	7	5	6	1	8	4	3	9
3	8	9	5	2	4	1	7	6
5	3	8	1	6	2	7	9	4
4	6	2	9	7	5	8	1	3
9	1	7	8	4	3	6	5	2

3	4	1	6	2	5	9	8	7
9	2	7	4	8	3	5	1	6
8	6	5	9	7	1	2	4	3
7	3	9	5	4	8	1	6	2
1	8	2	7	9	6	3	5	4
4	5	6	1	3	2	8	7	9
5	7	4	3	1	9	6	2	8
6	9	8	2	5	7	4	3	1
2	1	3	8	6	4	7	9	5

Soluzione del Puzzle #115

2	8	5	9	1	7	6	3	4
1	9	7	6	3	4	8	2	5
3	4	6	8	5	2	9	1	7
9	3	1	4	7	6	5	8	2
4	6	2	3	8	5	7	9	1
5	7	8	2	9	1	3	4	6
7	1	3	5	2	8	4	6	9
8	5	4	1	6	9	2	7	3
6	2	9	7	4	3	1	5	8

Soluzione del Puzzle #116

6	2	9	3	7	5	4	1	8
1	3	8	2	4	9	7	6	5
7	5	4	6	1	8	3	9	2
4	9	5	8	3	1	2	7	6
3	6	2	7	9	4	8	5	1
8	7	1	5	6	2	9	3	4
2	8	7	1	5	3	6	4	9
9	1	6	4	8	7	5	2	3
5	4	3	9	2	6	1	8	7

Soluzione del Puzzle #117

1	2	9	7	4	8	6	3	5
3	8	4	1	6	5	2	7	9
5	6	7	3	2	9	4	8	1
2	7	3	5	1	4	9	6	8
6	1	8	9	3	2	5	4	7
4	9	5	6	8	7	3	1	2
9	4	6	8	5	1	7	2	3
7	3	1	2	9	6	8	5	4
8	5	2	4	7	3	1	9	6

Soluzione del Puzzle #118

7	1	4	6	9	8	5	2	3
3	2	9	4	7	5	1	6	8
6	5	8	3	2	1	9	7	4
8	9	6	5	3	7	4	1	2
2	7	5	1	4	9	8	3	6
1	4	3	2	8	6	7	9	5
5	8	1	7	6	3	2	4	9
4	3	7	9	5	2	6	8	1
9	6	2	8	1	4	3	5	7

Soluzione del Puzzle #119

7	6	1	2	3	9	5	8	4
4	5	9	1	6	8	3	2	7
8	2	3	5	7	4	6	1	9
6	8	2	7	4	1	9	3	5
5	3	7	8	9	2	1	4	6
9	1	4	3	5	6	2	7	8
2	7	6	9	8	3	4	5	1
3	4	8	6	1	5	7	9	2
1	9	5	4	2	7	8	6	3

Soluzione del Puzzle #120

5	6	2	9	7	4	1	8	3
7	9	3	1	8	5	4	6	2
4	8	1	2	3	6	5	9	7
6	4	9	5	1	2	7	3	8
2	7	5	8	6	3	9	4	1
3	1	8	7	4	9	6	2	5
1	5	4	6	2	8	3	7	9
9	2	6	3	5	7	8	1	4
8	3	7	4	9	1	2	5	6

Soluzione del Puzzle #121

1	6	7	5	2	8	3	4	9
9	8	2	3	7	4	5	1	6
4	5	3	6	9	1	8	7	2
5	7	6	1	4	2	9	3	8
3	4	8	7	5	9	6	2	1
2	1	9	8	6	3	7	5	4
6	2	4	9	3	5	1	8	7
7	3	1	4	8	6	2	9	5
8	9	5	2	1	7	4	6	3

Soluzione del Puzzle #122

4	2	9	3	5	8	6	1	7
3	1	6	9	4	7	5	8	2
8	5	7	1	2	6	9	4	3
2	6	1	5	7	4	3	9	8
9	7	4	8	3	1	2	6	5
5	3	8	2	6	9	1	7	4
1	9	3	4	8	2	7	5	6
6	4	5	7	9	3	8	2	1
7	8	2	6	1	5	4	3	9

Soluzione del Puzzle #123

6	5	8	7	3	4	1	2	9
1	7	3	2	9	6	8	4	5
9	4	2	8	5	1	3	6	7
2	6	4	5	1	8	7	9	3
7	1	9	3	4	2	5	8	6
8	3	5	6	7	9	4	1	2
3	2	6	1	8	5	9	7	4
4	8	7	9	6	3	2	5	1
5	9	1	4	2	7	6	3	8

Soluzione del Puzzle #124

4	7	2	1	5	3	9	6	8
9	6	1	8	7	4	3	2	5
3	5	8	9	2	6	7	1	4
6	4	9	5	3	7	2	8	1
7	8	3	6	1	2	5	4	9
1	2	5	4	9	8	6	7	3
8	3	4	2	6	9	1	5	7
5	9	6	7	4	1	8	3	2
2	1	7	3	8	5	4	9	6

Soluzione del Puzzle #125

9	4	6	7	8	1	2	3	5
2	1	7	4	5	3	6	9	8
5	3	8	9	2	6	4	7	1
1	6	3	8	4	9	7	5	2
8	5	4	6	7	2	9	1	3
7	9	2	1	3	5	8	6	4
4	8	1	3	9	7	5	2	6
3	2	9	5	6	8	1	4	7
6	7	5	2	1	4	3	8	9

Soluzione del Puzzle #126

Soluzione del Puzzle #127

7	6	8	1	9	2	4	3	5
5	4	1	7	6	3	2	9	8
9	3	2	5	8	4	7	6	1
2	5	7	9	1	6	8	4	3
3	1	9	2	4	8	5	7	6
4	8	6	3	7	5	9	1	2
6	7	3	8	5	9	1	2	4
1	2	5	4	3	7	6	8	9
8	9	4	6	2	1	3	5	7

Soluzione del Puzzle #128

6	5	3	2	7	1	8	9	4
7	8	2	3	4	9	1	5	6
9	1	4	6	8	5	3	7	2
3	9	7	8	5	4	2	6	1
5	6	1	9	2	3	4	8	7
4	2	8	7	1	6	9	3	5
2	4	9	5	6	8	7	1	3
1	3	5	4	9	7	6	2	8
8	7	6	1	3	2	5	4	9

Soluzione del Puzzle #129

7	9	5	2	1	3	8	4	6
2	6	4	7	5	8	3	9	1
8	3	1	9	6	4	2	5	7
9	1	7	8	4	2	6	3	5
5	4	2	6	3	7	1	8	9
3	8	6	5	9	1	4	7	2
4	2	3	1	7	5	9	6	8
1	5	9	3	8	6	7	2	4
6	7	8	4	2	9	5	1	3

Soluzione del Puzzle #130

2	5	6	3	8	9	1	4	7
3	7	8	4	1	6	5	9	2
9	4	1	5	2	7	3	8	6
1	6	2	9	3	5	4	7	8
5	8	4	7	6	2	9	3	1
7	3	9	8	4	1	6	2	5
8	2	5	1	9	3	7	6	4
6	1	3	2	7	4	8	5	9
4	9	7	6	5	8	2	1	3

Soluzione del Puzzle #131

5	7	6	9	3	1	2	4	8
2	3	1	8	4	5	9	7	6
9	4	8	2	6	7	5	1	3
3	6	2	5	1	8	7	9	4
8	5	7	4	9	2	6	3	1
4	1	9	6	7	3	8	2	5
6	2	3	1	5	9	4	8	7
7	8	4	3	2	6	1	5	9
1	9	5	7	8	4	3	6	2

Soluzione del Puzzle #132

6	4	9	8	5	7	2	1	3
8	5	2	1	9	3	7	4	6
1	3	7	2	6	4	5	8	9
9	7	8	5	1	6	3	2	4
4	1	5	9	3	2	6	7	8
2	6	3	4	7	8	1	9	5
3	2	6	7	8	9	4	5	1
5	8	4	3	2	1	9	6	7
7	9	1	6	4	5	8	3	2

Soluzione del Puzzle #133

6	3	2	5	8	9	7	4	1
1	7	8	6	3	4	5	2	9
4	5	9	1	7	2	3	8	6
8	2	4	3	9	7	1	6	5
3	1	6	2	5	8	9	7	4
5	9	7	4	1	6	8	3	2
7	6	1	9	4	3	2	5	8
2	8	5	7	6	1	4	9	3
9	4	3	8	2	5	6	1	7

Soluzione del Puzzle #134

9	1	5	4	3	8	6	2	7
2	3	7	1	6	9	8	4	5
4	8	6	7	2	5	3	1	9
8	6	4	2	9	7	1	5	3
3	7	1	8	5	4	9	6	2
5	9	2	3	1	6	7	8	4
6	4	9	5	7	1	2	3	8
1	2	8	9	4	3	5	7	6
7	5	3	6	8	2	4	9	1

Soluzione del Puzzle #135

6	4	9	2	5	8	3	1	7
2	5	7	3	6	1	8	9	4
8	1	3	4	9	7	6	5	2
3	6	2	5	1	4	9	7	8
4	9	1	7	8	3	5	2	6
7	8	5	6	2	9	4	3	1
9	3	4	8	7	2	1	6	5
5	2	8	1	3	6	7	4	9
1	7	6	9	4	5	2	8	3

Soluzione del Puzzle #136

7	8	9	3	1	4	2	5	6
6	2	4	8	7	5	1	3	9
5	1	3	2	9	6	4	7	8
8	5	2	6	4	7	9	1	3
3	7	1	9	2	8	6	4	5
4	9	6	1	5	3	8	2	7
2	4	7	5	6	9	3	8	1
1	6	8	7	3	2	5	9	4
9	3	5	4	8	1	7	6	2

Soluzione del Puzzle #137

8	7	6	5	9	2	3	1	4
9	3	2	1	7	4	5	6	8
1	5	4	3	8	6	9	7	2
5	9	3	8	4	7	6	2	1
6	1	7	2	5	3	4	8	9
4	2	8	9	6	1	7	3	5
7	8	5	6	1	9	2	4	3
3	4	1	7	2	5	8	9	6
2	6	9	4	3	8	1	5	7

Soluzione del Puzzle #138

3	1	7	5	6	8	2	9	4
4	8	5	1	9	2	3	7	6
6	9	2	3	7	4	8	5	1
7	2	8	6	1	3	9	4	5
1	3	4	9	8	5	7	6	2
9	5	6	4	2	7	1	8	3
2	7	3	8	5	6	4	1	9
5	4	1	7	3	9	6	2	8
8	6	9	2	4	1	5	3	7

1	8	2	3	7	4	5	9	6
7	3	6	9	1	5	2	8	4
9	4	5	2	8	6	7	3	1
6	2	9	1	5	8	4	7	3
3	5	7	4	2	9	6	1	8
8	1	4	7	6	3	9	5	2
5	7	1	8	4	2	3	6	9
2	6	3	5	9	1	8	4	7
4	9	8	6	3	7	1	2	5

Soluzione del Puzzle #139

9	2	5	8	1	4	3	7	6
3	1	6	5	2	7	9	4	8
8	7	4	6	9	3	1	5	2
1	6	2	7	3	8	4	9	5
4	8	3	2	5	9	7	6	1
7	5	9	4	6	1	8	2	3
6	3	7	1	4	5	2	8	9
5	9	8	3	7	2	6	1	4
2	4	1	9	8	6	5	3	7

Soluzione del Puzzle #140

8	2	7	5	9	1	3	6	4
1	4	9	6	2	3	5	7	8
5	6	3	8	4	7	1	9	2
9	5	8	1	6	4	2	3	7
4	7	2	3	5	8	6	1	9
6	3	1	9	7	2	4	8	5
3	9	5	4	8	6	7	2	1
7	1	4	2	3	9	8	5	6
2	8	6	7	1	5	9	4	3

Soluzione del Puzzle #141

1	6	5	8	9	3	2	7	4
7	9	2	5	4	6	3	8	1
8	4	3	2	1	7	5	9	6
9	2	7	1	6	4	8	3	5
4	3	1	9	8	5	7	6	2
6	5	8	7	3	2	4	1	9
5	7	6	3	2	9	1	4	8
3	1	9	4	5	8	6	2	7
2	8	4	6	7	1	9	5	3

Soluzione del Puzzle #142

4	9	5	8	1	2	7	6	3
2	3	6	4	5	7	8	1	9
1	7	8	3	9	6	5	2	4
5	1	9	7	8	3	6	4	2
3	8	2	1	6	4	9	5	7
6	4	7	5	2	9	3	8	1
7	2	4	6	3	5	1	9	8
9	5	1	2	7	8	4	3	6
8	6	3	9	4	1	2	7	5

Soluzione del Puzzle #143

2	1	4	8	7	3	6	9	5
5	8	3	6	9	2	4	7	1
7	6	9	4	5	1	2	3	8
3	4	2	5	8	7	9	1	6
9	7	8	2	1	6	3	5	4
1	5	6	3	4	9	7	8	2
6	2	1	7	3	5	8	4	9
8	3	5	9	6	4	1	2	7
4	9	7	1	2	8	5	6	3

Soluzione del Puzzle #144

6	9	2	8	1	5	4	7	3
5	8	7	3	9	4	1	6	2
4	3	1	2	6	7	9	5	8
2	4	8	1	7	6	3	9	5
9	7	5	4	3	8	2	1	6
1	6	3	9	5	2	7	8	4
7	2	4	6	8	1	5	3	9
3	1	6	5	4	9	8	2	7
8	5	9	7	2	3	6	4	1

Soluzione del Puzzle #145

7	1	6	9	4	2	5	3	8
8	9	4	3	1	5	6	7	2
2	3	5	6	7	8	1	9	4
5	2	7	8	9	1	4	6	3
3	4	1	2	5	6	7	8	9
6	8	9	7	3	4	2	1	5
4	5	8	1	6	9	3	2	7
9	6	3	4	2	7	8	5	1
1	7	2	5	8	3	9	4	6

Soluzione del Puzzle #146

8	7	1	2	3	9	6	4	5
3	5	6	1	4	7	2	9	8
4	2	9	5	8	6	7	1	3
6	9	2	3	5	4	1	8	7
5	4	3	8	7	1	9	6	2
7	1	8	9	6	2	3	5	4
1	8	5	7	9	3	4	2	6
2	3	4	6	1	5	8	7	9
9	6	7	4	2	8	5	3	1

Soluzione del Puzzle #147

7	6	9	8	2	5	3	4	1
2	3	8	4	7	1	5	9	6
4	1	5	3	6	9	7	8	2
1	9	3	6	5	8	4	2	7
5	8	4	2	1	7	9	6	3
6	7	2	9	4	3	8	1	5
9	5	7	1	8	6	2	3	4
8	2	6	7	3	4	1	5	9
3	4	1	5	9	2	6	7	8

Soluzione del Puzzle #148

9	4	2	5	7	1	8	6	3
6	3	5	8	2	4	1	7	9
7	1	8	9	3	6	5	2	4
1	7	6	4	9	3	2	5	8
5	8	3	7	6	2	9	4	1
2	9	4	1	5	8	6	3	7
4	6	9	3	8	5	7	1	2
3	2	7	6	1	9	4	8	5
8	5	1	2	4	7	3	9	6

Soluzione del Puzzle #149

6	1	4	5	7	8	9	2	3
5	9	2	1	3	4	7	8	6
3	7	8	2	9	6	4	5	1
4	6	9	8	2	5	1	3	7
1	2	7	3	6	9	5	4	8
8	5	3	4	1	7	6	9	2
9	8	1	6	5	3	2	7	4
7	3	6	9	4	2	8	1	5
2	4	5	7	8	1	3	6	9

Soluzione del Puzzle #150

5	9	6	8	7	1	2	4	3
1	4	8	3	2	6	9	5	7
3	7	2	9	5	4	1	8	6
4	6	3	5	8	2	7	9	1
8	5	9	7	1	3	4	6	2
2	1	7	4	6	9	8	3	5
7	3	5	2	4	8	6	1	9
9	8	1	6	3	7	5	2	4
6	2	4	1	9	5	3	7	8

Soluzione del Puzzle #151

2	3	7	5	9	4	6	8	1
4	9	5	6	1	8	3	2	7
1	8	6	7	2	3	9	5	4
6	5	4	9	7	1	2	3	8
9	1	8	4	3	2	7	6	5
7	2	3	8	5	6	1	4	9
3	7	9	2	8	5	4	1	6
5	4	1	3	6	7	8	9	2
8	6	2	1	4	9	5	7	3

Soluzione del Puzzle #152

1	7	3	8	6	9	5	4	2
9	2	6	7	5	4	1	3	8
5	4	8	1	3	2	9	7	6
7	9	2	3	4	1	8	6	5
8	6	4	2	7	5	3	9	1
3	5	1	6	9	8	4	2	7
4	8	9	5	2	6	7	1	3
2	1	7	4	8	3	6	5	9
6	3	5	9	1	7	2	8	4

Soluzione del Puzzle #153

1	8	4	2	3	7	9	6	5
6	3	9	5	8	4	2	1	7
7	2	5	6	1	9	3	8	4
2	5	3	9	6	1	7	4	8
8	9	6	7	4	3	1	5	2
4	1	7	8	2	5	6	9	3
3	7	1	4	5	6	8	2	9
9	4	2	1	7	8	5	3	6
5	6	8	3	9	2	4	7	1

Soluzione del Puzzle #154

8	3	5	6	9	4	7	1	2
7	6	1	8	2	3	5	4	9
9	4	2	1	5	7	6	3	8
1	7	3	5	8	6	9	2	4
6	2	9	7	4	1	3	8	5
5	8	4	9	3	2	1	7	6
4	9	6	3	7	8	2	5	1
3	1	8	2	6	5	4	9	7
2	5	7	4	1	9	8	6	3

Soluzione del Puzzle #155

7	4	3	2	5	9	8	1	6
2	6	8	4	1	3	7	9	5
1	5	9	6	8	7	3	2	4
5	9	6	1	3	8	4	7	2
8	7	1	9	2	4	5	6	3
3	2	4	5	7	6	1	8	9
9	8	7	3	6	5	2	4	1
6	3	2	8	4	1	9	5	7
4	1	5	7	9	2	6	3	8

Soluzione del Puzzle #156

8	4	3	2	1	5	9	6	7
2	6	9	7	3	8	4	1	5
5	1	7	6	4	9	8	2	3
1	3	8	5	6	2	7	9	4
6	7	5	3	9	4	1	8	2
9	2	4	8	7	1	5	3	6
7	5	2	1	8	3	6	4	9
4	8	6	9	2	7	3	5	1
3	9	1	4	5	6	2	7	8

Soluzione del Puzzle #157

8	4	3	2	1	5	9	6	7
2	6	9	7	3	8	4	1	5
5	1	7	6	4	9	8	2	3
1	3	8	5	6	2	7	9	4
6	7	5	3	9	4	1	8	2
9	2	4	8	7	1	5	3	6
7	5	2	1	8	3	6	4	9
4	8	6	9	2	7	3	5	1
3	9	1	4	5	6	2	7	8

Soluzione del Puzzle #158

9	6	2	3	8	1	7	5	4
4	5	8	7	6	9	1	3	2
3	7	1	4	2	5	9	8	6
2	9	5	6	7	4	8	1	3
8	1	6	2	9	3	5	4	7
7	4	3	5	1	8	6	2	9
5	8	7	9	3	2	4	6	1
6	3	4	1	5	7	2	9	8
1	2	9	8	4	6	3	7	5

Soluzione del Puzzle #159

4	2	6	8	1	3	9	5	7
9	8	5	7	4	2	3	6	1
1	7	3	6	9	5	2	8	4
2	6	8	1	5	4	7	9	3
7	9	4	2	3	8	6	1	5
3	5	1	9	7	6	4	2	8
6	4	2	5	8	7	1	3	9
5	3	9	4	6	1	8	7	2
8	1	7	3	2	9	5	4	6

Soluzione del Puzzle #160

1	4	5	7	6	9	3	2	8
6	8	3	4	1	2	5	9	7
7	9	2	3	5	8	1	4	6
3	7	4	8	2	5	9	6	1
9	5	6	1	3	7	4	8	2
8	2	1	6	9	4	7	3	5
4	3	7	2	8	1	6	5	9
5	1	8	9	4	6	2	7	3
2	6	9	5	7	3	8	1	4

Soluzione del Puzzle #161

1	9	7	3	4	8	2	6	5
3	2	5	1	7	6	4	8	9
6	4	8	5	2	9	1	3	7
4	1	9	2	8	5	3	7	6
7	5	6	4	9	3	8	1	2
8	3	2	7	6	1	5	9	4
5	8	4	6	3	7	9	2	1
2	7	3	9	1	4	6	5	8
9	6	1	8	5	2	7	4	3

Soluzione del Puzzle #162

6	3	7	5	8	9	1	2	4
9	8	1	6	4	2	3	5	7
5	2	4	1	3	7	9	8	6
2	7	3	8	6	1	4	9	5
8	6	5	4	9	3	7	1	2
4	1	9	2	7	5	8	6	3
1	4	6	3	5	8	2	7	9
7	5	8	9	2	4	6	3	1
3	9	2	7	1	6	5	4	8

Soluzione del Puzzle #163

2	5	4	8	6	7	3	9	1
8	6	7	9	3	1	5	2	4
1	3	9	2	4	5	7	8	6
6	4	5	7	2	9	1	3	8
3	7	1	4	5	8	9	6	2
9	2	8	6	1	3	4	7	5
4	1	6	3	7	2	8	5	9
7	8	2	5	9	4	6	1	3
5	9	3	1	8	6	2	4	7

Soluzione del Puzzle #164

6	3	5	9	2	7	8	1	4
2	1	9	4	8	5	6	3	7
8	7	4	6	3	1	9	2	5
9	8	3	5	7	6	2	4	1
7	4	6	2	1	9	3	5	8
5	2	1	3	4	8	7	9	6
3	6	7	1	9	4	5	8	2
4	5	2	8	6	3	1	7	9
1	9	8	7	5	2	4	6	3

Soluzione del Puzzle #165

6	7	1	8	2	3	5	4	9
8	2	9	4	7	5	1	3	6
5	4	3	6	1	9	8	7	2
1	3	2	5	9	4	7	6	8
7	6	8	1	3	2	4	9	5
9	5	4	7	6	8	2	1	3
2	1	7	9	5	6	3	8	4
4	9	5	3	8	1	6	2	7
3	8	6	2	4	7	9	5	1

Soluzione del Puzzle #166

3	8	1	2	6	7	9	5	4
5	7	9	4	8	3	2	1	6
2	4	6	9	5	1	8	3	7
7	5	8	6	4	9	1	2	3
9	6	3	1	7	2	4	8	5
4	1	2	5	3	8	7	6	9
8	3	4	7	2	6	5	9	1
6	9	5	8	1	4	3	7	2
1	2	7	3	9	5	6	4	8

Soluzione del Puzzle #167

1	9	2	4	6	3	8	5	7
6	8	5	2	1	7	4	9	3
7	4	3	9	5	8	6	2	1
8	5	7	1	3	9	2	4	6
4	2	9	7	8	6	3	1	5
3	6	1	5	2	4	7	8	9
2	7	6	8	9	5	1	3	4
5	3	8	6	4	1	9	7	2
9	1	4	3	7	2	5	6	8

Soluzione del Puzzle #168

Soluzione del Puzzle #169

5	8	4	1	7	6	2	3	9
3	7	6	5	9	2	8	4	1
9	1	2	8	4	3	7	6	5
6	3	9	4	1	8	5	2	7
8	2	5	7	6	9	4	1	3
7	4	1	2	3	5	9	8	6
1	9	8	6	2	7	3	5	4
4	5	7	3	8	1	6	9	2
2	6	3	9	5	4	1	7	8

Soluzione del Puzzle #170

8	1	7	9	5	4	2	6	3
3	6	9	2	1	8	5	7	4
4	5	2	3	6	7	9	8	1
6	7	4	8	3	5	1	2	9
1	9	5	4	2	6	7	3	8
2	3	8	1	7	9	4	5	6
5	8	3	7	4	1	6	9	2
7	2	1	6	9	3	8	4	5
9	4	6	5	8	2	3	1	7

Soluzione del Puzzle #171

4	3	9	1	6	5	8	7	2
5	2	6	7	9	8	1	4	3
1	7	8	2	3	4	5	9	6
8	9	3	4	1	7	2	6	5
7	6	1	5	2	3	9	8	4
2	4	5	9	8	6	3	1	7
6	1	4	8	5	2	7	3	9
3	8	2	6	7	9	4	5	1
9	5	7	3	4	1	6	2	8

Soluzione del Puzzle #172

9	2	1	6	3	5	8	4	7
6	4	7	9	2	8	3	1	5
8	5	3	1	7	4	2	6	9
3	9	6	2	1	7	5	8	4
2	7	8	4	5	3	1	9	6
5	1	4	8	9	6	7	3	2
4	6	5	7	8	1	9	2	3
7	8	2	3	4	9	6	5	1
1	3	9	5	6	2	4	7	8

Soluzione del Puzzle #173

8	9	2	3	7	5	1	4	6
5	6	7	4	1	8	9	3	2
3	4	1	6	2	9	7	8	5
7	2	5	1	8	6	3	9	4
9	8	3	2	4	7	5	6	1
4	1	6	9	5	3	8	2	7
6	5	8	7	3	4	2	1	9
2	3	4	5	9	1	6	7	8
1	7	9	8	6	2	4	5	3

Soluzione del Puzzle #174

6	7	9	1	2	3	4	8	5
3	5	8	7	6	4	9	1	2
1	2	4	5	8	9	6	7	3
9	6	2	4	5	8	1	3	7
5	4	3	9	1	7	2	6	8
8	1	7	2	3	6	5	9	4
7	8	1	6	4	2	3	5	9
4	9	6	3	7	5	8	2	1
2	3	5	8	9	1	7	4	6

5	4	3	9	2	8	1	6	7
2	7	1	3	4	6	9	8	5
6	9	8	5	1	7	3	4	2
3	5	7	6	8	9	4	2	1
8	6	4	1	7	2	5	9	3
1	2	9	4	5	3	6	7	8
7	1	5	8	9	4	2	3	6
9	8	6	2	3	1	7	5	4
4	3	2	7	6	5	8	1	9

Soluzione del Puzzle #175

8	1	2	9	3	4	6	7	5
5	4	3	1	7	6	2	9	8
6	9	7	8	2	5	1	4	3
3	6	9	7	4	8	5	2	1
2	8	1	3	5	9	4	6	7
7	5	4	2	6	1	8	3	9
4	3	6	5	8	7	9	1	2
9	7	5	6	1	2	3	8	4
1	2	8	4	9	3	7	5	6

Soluzione del Puzzle #176

3	1	6	2	5	9	7	8	4
5	9	8	3	4	7	1	6	2
4	2	7	1	8	6	5	9	3
2	6	5	7	1	8	3	4	9
1	7	3	9	6	4	8	2	5
8	4	9	5	3	2	6	1	7
9	8	1	4	7	3	2	5	6
6	3	2	8	9	5	4	7	1
7	5	4	6	2	1	9	3	8

Soluzione del Puzzle #177

5	1	9	4	7	2	3	6	8
3	7	4	6	5	8	9	2	1
2	6	8	1	9	3	5	7	4
7	3	1	8	6	9	4	5	2
8	4	6	7	2	5	1	3	9
9	2	5	3	1	4	7	8	6
1	9	2	5	3	6	8	4	7
6	8	3	9	4	7	2	1	5
4	5	7	2	8	1	6	9	3

Soluzione del Puzzle #178

2	3	6	9	7	8	1	5	4
1	9	7	4	2	5	3	8	6
8	4	5	6	3	1	7	2	9
7	2	3	5	6	9	4	1	8
4	5	8	3	1	7	6	9	2
6	1	9	8	4	2	5	3	7
3	8	4	2	5	6	9	7	1
9	6	1	7	8	3	2	4	5
5	7	2	1	9	4	8	6	3

Soluzione del Puzzle #179

6	8	7	9	4	3	2	1	5
2	3	4	5	1	8	7	9	6
5	9	1	7	6	2	8	4	3
4	5	9	3	8	7	6	2	1
3	6	2	4	5	1	9	8	7
1	7	8	6	2	9	3	5	4
8	4	3	2	7	5	1	6	9
7	1	5	8	9	6	4	3	2
9	2	6	1	3	4	5	7	8

Soluzione del Puzzle #180

Soluzione del Puzzle #181

9	7	6	5	1	8	3	4	2
8	1	4	2	9	3	5	7	6
5	2	3	7	6	4	1	9	8
3	8	2	4	5	7	9	6	1
1	9	5	8	2	6	4	3	7
6	4	7	1	3	9	2	8	5
2	3	9	6	8	1	7	5	4
7	6	1	3	4	5	8	2	9
4	5	8	9	7	2	6	1	3

Soluzione del Puzzle #182

8	4	5	9	2	3	1	6	7
2	1	9	4	6	7	5	3	8
3	7	6	1	8	5	4	2	9
4	8	7	3	9	1	6	5	2
5	3	2	6	4	8	7	9	1
9	6	1	5	7	2	3	8	4
6	2	8	7	3	4	9	1	5
1	9	4	8	5	6	2	7	3
7	5	3	2	1	9	8	4	6

Soluzione del Puzzle #183

5	1	2	8	3	4	9	7	6
8	9	7	5	6	1	3	2	4
6	3	4	7	9	2	5	8	1
4	8	9	2	5	7	6	1	3
3	7	5	9	1	6	2	4	8
1	2	6	4	8	3	7	9	5
2	6	3	1	4	9	8	5	7
9	4	8	3	7	5	1	6	2
7	5	1	6	2	8	4	3	9

Soluzione del Puzzle #184

1	8	6	9	7	2	4	5	3
3	5	7	8	4	6	9	2	1
4	2	9	1	3	5	7	8	6
7	3	2	5	8	9	6	1	4
5	4	1	2	6	7	3	9	8
6	9	8	3	1	4	5	7	2
9	7	4	6	2	1	8	3	5
8	1	5	4	9	3	2	6	7
2	6	3	7	5	8	1	4	9

Soluzione del Puzzle #185

2	9	3	5	7	6	1	8	4
7	4	6	8	1	2	9	3	5
8	1	5	4	3	9	7	2	6
4	8	1	7	5	3	6	9	2
6	2	7	1	9	4	3	5	8
3	5	9	6	2	8	4	1	7
1	6	2	3	4	5	8	7	9
9	7	8	2	6	1	5	4	3
5	3	4	9	8	7	2	6	1

Soluzione del Puzzle #186

6	3	1	7	9	4	8	5	2
7	9	2	6	5	8	3	4	1
8	4	5	2	3	1	7	6	9
2	8	3	1	6	5	4	9	7
4	1	7	9	8	2	6	3	5
9	5	6	3	4	7	1	2	8
3	2	4	8	1	9	5	7	6
1	6	9	5	7	3	2	8	4
5	7	8	4	2	6	9	1	3

9	5	2	8	3	6	4	7	1
4	1	8	7	9	5	2	6	3
3	7	6	4	2	1	5	9	8
5	8	7	3	4	9	6	1	2
6	3	4	1	8	2	9	5	7
1	2	9	5	6	7	8	3	4
7	4	1	9	5	8	3	2	6
8	6	5	2	7	3	1	4	9
2	9	3	6	1	4	7	8	5

Soluzione del Puzzle #187

1	8	4	5	7	2	3	6	9
6	7	2	4	3	9	8	1	5
5	3	9	8	6	1	2	7	4
8	6	3	7	1	4	5	9	2
9	2	7	3	5	8	1	4	6
4	1	5	2	9	6	7	8	3
2	9	1	6	8	3	4	5	7
3	5	6	1	4	7	9	2	8
7	4	8	9	2	5	6	3	1

Soluzione del Puzzle #188

1	5	4	2	9	6	3	8	7
3	6	7	1	8	5	2	4	9
9	2	8	3	7	4	1	6	5
6	8	9	7	2	3	5	1	4
4	1	2	8	5	9	6	7	3
5	7	3	4	6	1	9	2	8
2	4	6	9	3	7	8	5	1
7	3	5	6	1	8	4	9	2
8	9	1	5	4	2	7	3	6

Soluzione del Puzzle #189

4	9	2	1	6	7	5	3	8
1	6	3	4	8	5	9	2	7
5	7	8	9	3	2	4	6	1
7	1	6	3	2	9	8	4	5
2	8	5	6	4	1	7	9	3
9	3	4	5	7	8	6	1	2
8	5	9	2	1	4	3	7	6
3	2	7	8	9	6	1	5	4
6	4	1	7	5	3	2	8	9

Soluzione del Puzzle #190

5	3	4	6	8	1	7	2	9
2	1	7	9	3	4	8	5	6
8	6	9	5	2	7	4	3	1
6	9	5	3	7	8	2	1	4
7	4	2	1	5	6	9	8	3
1	8	3	4	9	2	5	6	7
4	2	8	7	1	3	6	9	5
3	5	6	8	4	9	1	7	2
9	7	1	2	6	5	3	4	8

Soluzione del Puzzle #191

7	8	9	6	2	5	1	4	3
3	5	6	4	9	1	7	8	2
1	2	4	7	8	3	6	5	9
5	1	2	3	7	6	4	9	8
6	3	7	8	4	9	5	2	1
9	4	8	1	5	2	3	7	6
2	6	5	9	3	7	8	1	4
8	9	3	5	1	4	2	6	7
4	7	1	2	6	8	9	3	5

Soluzione del Puzzle #192

Soluzione del Puzzle #193

1	5	9	6	2	7	3	8	4
6	4	2	3	8	5	7	1	9
7	8	3	1	9	4	6	2	5
3	2	5	8	7	9	1	4	6
8	1	7	5	4	6	2	9	3
4	9	6	2	3	1	8	5	7
5	7	8	4	1	3	9	6	2
9	6	1	7	5	2	4	3	8
2	3	4	9	6	8	5	7	1

Soluzione del Puzzle #194

8	1	5	2	4	6	7	3	9
3	4	2	7	9	1	8	5	6
6	7	9	3	8	5	2	4	1
2	6	4	5	1	8	9	7	3
1	9	7	6	2	3	5	8	4
5	8	3	9	7	4	6	1	2
7	2	8	4	3	9	1	6	5
4	5	1	8	6	2	3	9	7
9	3	6	1	5	7	4	2	8

Soluzione del Puzzle #195

4	8	7	2	6	5	3	1	9
2	1	6	9	3	4	7	5	8
5	9	3	1	8	7	6	2	4
7	4	8	5	2	6	9	3	1
3	2	5	4	9	1	8	7	6
9	6	1	8	7	3	2	4	5
8	3	4	6	5	2	1	9	7
1	7	9	3	4	8	5	6	2
6	5	2	7	1	9	4	8	3

Soluzione del Puzzle #196

1	9	7	8	4	6	3	2	5
2	5	6	3	9	7	4	8	1
4	8	3	1	2	5	9	7	6
7	1	4	5	3	9	8	6	2
5	2	9	6	8	1	7	3	4
3	6	8	2	7	4	5	1	9
8	3	5	9	6	2	1	4	7
6	7	1	4	5	3	2	9	8
9	4	2	7	1	8	6	5	3

Soluzione del Puzzle #197

2	5	8	1	4	7	6	9	3
9	7	6	8	3	5	1	2	4
1	3	4	6	2	9	8	7	5
8	4	9	7	5	2	3	1	6
7	6	1	3	9	8	5	4	2
3	2	5	4	6	1	9	8	7
4	9	2	5	8	3	7	6	1
5	8	7	2	1	6	4	3	9
6	1	3	9	7	4	2	5	8

Soluzione del Puzzle #198

4	3	8	5	7	9	1	6	2
9	6	5	1	4	2	7	8	3
2	7	1	3	6	8	5	4	9
1	9	4	6	5	3	8	2	7
3	5	6	2	8	7	4	9	1
8	2	7	9	1	4	3	5	6
5	8	3	7	9	6	2	1	4
7	1	9	4	2	5	6	3	8
6	4	2	8	3	1	9	7	5

7	3	5	9	2	8	6	1	4
1	4	8	3	5	6	2	7	9
2	9	6	1	7	4	8	5	3
5	8	4	2	1	9	7	3	6
3	6	2	4	8	7	5	9	1
9	1	7	6	3	5	4	8	2
6	5	9	8	4	3	1	2	7
4	7	1	5	9	2	3	6	8
8	2	3	7	6	1	9	4	5

Soluzione del Puzzle #199

9	2	7	1	8	3	4	6	5
3	6	4	2	7	5	8	1	9
1	8	5	9	6	4	7	3	2
2	9	8	6	5	7	3	4	1
7	5	3	4	1	9	2	8	6
4	1	6	8	3	2	9	5	7
8	7	2	5	4	1	6	9	3
6	3	1	7	9	8	5	2	4
5	4	9	3	2	6	1	7	8

Soluzione del Puzzle #200

www.ingramcontent.com/pod-product-compliance
Lightning Source LLC
Chambersburg PA
CBHW030702190526
45164CB00004B/185